Petra Kabus | Constanze Schröder

Genial

Erfindungen aus Berlin und Brandenburg

CULTURCON *medien*

Wir danken allen von ganzem Herzen, die uns mit Rat und Tat bei diesem Buchprojekt zur Seite standen, vor allem Dr. Fritz Kabus und Andreas Schwanda.

Impressum

CULTURCON *medien*
Bernd Oeljeschläger

Choriner Straße 1, 10119 Berlin
Telefon 030/34398440
Telefax 030/34398442

Ottostraße 5, 27793 Wildeshausen
Telefon 04431/9559878
Telefax 04431/955 9879
www.culturcon.de

Gestaltung: Ines Maria Mühlenhoff
Bildbearbeitung: Bernd Böhlendorf
Umschlaggestaltung: Andreas Schwanda
Druck: Elbe Druckerei Wittenberg GmbH

Berlin/Wildeshausen 2010

ISBN 978-3-941092-32-7

Bibliografische Information der Deutschen Nationalbibliothek:
Die Deutsche Nationalbibliothek verzeichnet diese Publikation in der Deutschen Nationalbibliografie; detaillierte bibliografische Daten sind im Internet über http://dnb.d-nb.de abrufbar.

Mit freundlicher Unterstützung von:

Inhalt

Von der Alchemie zur Wissenschaft

Wir schreiben das Jahr 1667. Seit dem Ende des Dreißigjährigen Krieges sind keine zwei Jahrzehnte vergangen. Noch immer haben die Menschen schwer an den Kriegsfolgen zu tragen. Durch direkte Kriegseinwirkung, Hunger und Seuchen ist die Bevölkerung um ein Drittel, mancherorts um die Hälfte reduziert worden. Quasi aus dem Nichts Reichtum zu schaffen – davon träumt der Kurfürst Johann Georg II. von Sachsen. Er nimmt den Forscher Johann Kunckel in seine Dienste. Das diesem gestellte Ziel: Gold machen.

Als sich nach einem Jahrzehnt noch immer kein Erfolg eingestellt hat, ist der Kurfürst nicht mehr gewillt, Kunckels Forschungen weiter zu finanzieren: "Kann Kunckel Gold machen, so bedarf er kein Geld, kann er solches aber nicht, warum solle man ihm Geld geben?"

Im ungleich ärmeren Brandenburg geht man die Sache etwas bodenständiger an. Um wirtschaftlich wieder auf die Beine zu kommen, will man kostspielige Importe möglichst vermeiden, dafür mehr exportieren. Heimische Rohstoffe aber sind kaum vorhanden. Nur eines gibt es reichlich: Sand. Und Sand ist einer der entscheidenden Ausgangsstoffe bei der Glasherstellung. So wird Johann Kunckel vom Kurfürsten Friedrich Wilhelm von Brandenburg „das Glaß-Wesen auffgetragen". Bald ist er in der Lage, ein ganz besonderes, rot wie Rubin scheinendes Hohlglas in bislang nicht gekannter Reinheit herzustellen. Das Kunckelsche Goldrubinglas ist eine der frühesten Erfindungen, die aus Brandenburg bekannt sind.

Noch zu Kunckels Lebzeiten wird Brandenburg vom Kurfürstentum zur – wohl wichtigsten – Provinz im 1701 gegründeten Königtum Preußen. Damit beginnt der politische und gleichzeitig wirtschaftliche Aufstieg des ursprünglich fast ausschließlich agrarisch geprägten Landes. Er spiegelt sich wider in einer immer größer werdenden Zahl von Erfindungen und Entwicklungen, die zunehmend mit modernen wissenschaftlichen Methoden gemacht werden. Aus den Alchemisten werden Chemiker und Physiker, Techniker und Ingenieure.

Dass Hilfe von außen geholt wird, hat Methode. So ist etwa die Ansiedlung der in Frankreich verfolgten Hugenotten nicht nur Ausdruck religiöser Toleranz, sondern auch kluges wirtschaftspolitisches Kalkül. Die neuen Mitbürger bringen bislang ungekannte Fähigkeiten und Kenntnisse mit, die das Land gut gebrauchen kann. Zusammen mit böhmischen und österreichischen Immigranten, Juden, Polen und Russen machen sie das Land quasi zu einem Schmelztiegel der Kulturen, in dem der Forschritt „angerührt" wird.

Dieses Buch erzählt die Geschichten zu über 50 Erfindungen und Entwicklungen aus den über drei Jahrhunderten, die seit Kunckels Wirken vergangen sind. Vorgestellt werden – halbwegs konsequent – keine Entdeckungen oder das letzte verbesserte Verfahren, sondern mehr oder weniger alltagstaugliche Gegenstände. Da durch die politischen Verhältnisse entscheidende Bedingungen für die Wirtschaft und damit letztlich auch für Erfindungen gesetzt werden, war die territoriale Zugehörigkeit zum Zeitpunkt der Erfindung eine weitere Voraussetzung der Aufnahme ins Buch.

Kostbares aus Sand: Goldrubinglas

1679 erhielt der aus einer Glasmacherfamilie stammende Alchemist Johann Kunckel (1630 oder 1638–1703) vom Kurfürsten Friedrich Wilhelm von Brandenburg eine Glashütte auf dem Hakendamm bei Potsdam (heute Friedrich-Engels-Straße) zur Pacht auf zunächst drei Jahre. Hier sollte er möglichst wertvolle Gläser produzieren, nicht nur Hohlgläser, sondern auch „Edelsteine" aus Glas, etwa Glas mit der roten Farbe der Rubine.

Die Technologien zur Rubinglasherstellung mit Hilfe von Kupfer und anderen Metallen waren in ihren Grundzügen schon in der Antike bekannt gewesen. Dieses Wissen hatte noch einige Zeit fortgelebt und in der Renaissance auch einigen Zuwachs erfahren. Die Ergebnisse waren jedoch nie wirklich befriedigend. Schnell wurde das Glas undurchsichtig, die Farbe „lebrig" braun oder schlierig. Den damaligen Stand des Wissens hatte der italienische Glasmacher Antonio Neri in seiner Schrift „Ars vitraria experimentalis" zusammengefasst. 1679 gab Kunckel dieses Buch, versehen mit eigenen Anmerkungen, neu heraus. Er analysierte die Rezepte Neris, prüfte sie auf ihre Anwendbarkeit im Norden Europas und vermerkte Verbesserungen. Gerne hätte er auch seine eigene Methode zur

Teekanne aus Goldrubinglas, 1678/79

Rubinglasherstellung aufgeführt, sein Dienstherr, der brandenburgische Kurfürst, habe jedoch beschieden, sie sei „itzo noch zu rar, gemein zu machen".

Die Forscher streiten sich, ob Kunckel zu diesem Zeitpunkt schon Gold zur Färbung von Glas benutzte oder ob es eine zweite Schrift war, die „Solis cum jove" des Hamburger Arztes Cassius, die ihn auf diese Fährte brachte. Kunckel jedenfalls war schließlich der erste, dem die Herstellung eines mit Gold gefärbten hohlen Kristallglases gelang. Dabei kam ihm zugute, dass er nicht nur mit chemischen Prozessen, sondern auch mit der Glasmacherei vertraut war. Besonders reine Rohstoffe, sorgfältig abgestimmte Zusammensetzungen, Verbesserungen der Öfen und neue Zusätze führten zu einer ganz neuen Qualität.

Sicher war die Herstellung des Rubinglases, selbst wenn man alles theoretische Wissen hatte, niemals „so leicht, als (...) Papier-machen", wie Kunckel einmal meinte. Aber die Konkurrenz schlief nicht. Auch aus Kunckels Werkstatt, die sich inzwischen auf der ihm vom Kurfürsten übertragenen Pfaueninsel bei Potsdam befand, drangen Geheimnisse nach außen. Der

Johannes Kunckel

Große Kurfürst befahl daher, dass alle von Kunckel produzierten Goldrubingläser für ihn allein bestimmt seien, und stellte auch das Nachmachen unter Strafe. Bis ins 19. Jahrhundert hinein waren Goldrubingläser reiner Luxus, und ihre Herstellung bedarf selbst heute noch großen Wissens und Könnens.

Vom eigentlichen Ziel aller Alchemisten, dem Goldmachen, war Kunckel mit der Rubinglasproduktion übrigens gar nicht weit entfernt. Denn Gold wird nicht nur zum Färben dieses Glases eingesetzt; Goldrubinglas wurde die Eigenschaft zugesprochen, ganz wie der Stein der Weisen, nach dem Generationen von Alchemisten suchten, Gold und Silber wie ein Magnet anzuziehen und Metalle in Gold umwandeln zu können.

Als der Große Kurfürst 1688 starb, begann Kunckels Stern zu sinken. Sein neuer Dienstherr Friedrich III. forderte genaue Rechenschaft über die erhaltenen Gelder. Am Ende wurde Kunckel zu immensen Rückzahlungen verurteilt. Weil inzwischen die Glashütte auf der Pfaueninsel niedergebrannt und die auf dem Hakendamm durch Brand erheblich geschädigt

Glasperlen für die Eingeborenen

Auch der Große Kurfürst war bestrebt, von der Aufteilung außereuropäischer Gebiete zu profitieren. 1683 wurde an der westafrikanischen Küste die kurbrandenburgische Kolonie Groß Friedrichsburg gegründet, die allerdings nur bis 1717 bestand. Zum Handel mit den Eingeborenen sollten auch „Corallen" dienen, Perlen aus rotem Glas aus der Kunckelschen Werkstatt, aber von ungleich geringerem Wert als das kostbare Kristall-Goldrubinglas. Der Kurfürst bestimmte ausdrücklich, dass er und die Brandenburg-Guinea'sche Compagnie hierfür das Vorkaufsrecht besäßen.

worden war, konnte er diese kaum leisten. So folgte er 1692 gern einer Einladung nach Schweden, wo er die Verhüttung von Kupfer betreiben sollte. Doch obwohl er vom schwedischen König noch geadelt wurde, stellten sich bis zu seinem Tode im Jahr 1703 keine großen Erfolge mehr ein.

Staatsfarbe: Preußisch Blau

Wer hat es nicht schon in einem Schulmalkasten selbst angerührt, das unnachahmlich satte, dunkle Preußisch Blau? Das schwarzblaue und lichtechte Pigment ist einer der ältesten künstlich hergestellten Farbstoffe. Es wurde Anfang des 18. Jahrhunderts eher zufällig entwickelt.

Der aus Hessen stammende Philosoph und Theologe Johann Konrad Dippel (1673–1734) war 1704 nach Berlin gekommen, wo er als Alchemist arbeitete. Hier traf er auf den Farbhersteller Heinrich Diesbach (lebte um 1700). Eines Tages ging diesem bei der Produktion eines karminroten Farbstoffs die dazu benötigte Pottasche aus. Dippel half ihm mit einer Chemikalie aus, die er bei seinen Versuchen mit Knochen und tierischen Abfallprodukten verwendet hatte. Als nun Diesbach das Eratzmaterial beimischte, erhielt er zu seiner Überraschung statt des roten einen blauen Farbstoff. Die Männer erkannten sofort das Geschäftspotential ihrer Erfindung: Blauer Farbstoff war bis dahin ein äußerst kostbares Material. Ultramarinblau beispielsweise wurde aus dem Halbedelstein Lapislazuli hergestellt. Es war wertvoll wie Gold und wurde nur in kostbarsten Gemälden verwendet.

Dem Erfindungsort entsprechend, wurde die neue Farbe Berliner Blau genannt. Der Name Preußisch Blau stammt von der Farbe der preußischen Soldatenuniformen, die früher mit Waid oder mit Indigo, später mit Diesbachs Pigmenten gefärbt wurden. 20 Jahre lang konnte das Geheimnis um die Herstellung des blauen Pigments und damit die Alleinstellung auf dem Markt bewahrt werden. 1724 gab ein verräterischer Mitarbeiter das Herstellungsverfahren preis und beendete damit Diesbachs „blaues Monopol".

In der bildenden Kunst führte der Umstand, dass nun ein preiswerter blauer Farbstoff zur Verfügung stand, der außerdem noch ungiftig war, zu einer sprunghaften Zunahme der Verwendung dieser Farbe. Aber auch

Gustav Schwarz:
Gardegrenadier
an der Schlossbrücke, 1834

die einfachen „Anstreicher" bedienten sich ihrer gern. Im 18. und 19. Jahrhundert erfreute sie sich großer Beliebtheit als Wandfarbe, und wer Glück hat, findet noch heute bei der Renovierung einer Altberliner Wohnung unter dutzenden von Anstrichen das Berliner Blau.

In der Medizin wird die Chemikalie ebenfalls benutzt. Sie kommt als Gegenmittel bei Vergiftungen zum Einsatz. In Großstädten wie Berlin sind Ratten schon seit jeher eine Plage. Rattengift ist aber auch für den Menschen gefährlich. Immer wieder gab es damit Unfälle – und Mordanschläge. Zur Rettung der Vergifteten wurde Preußisch Blau als Gegenmittel eingesetzt. Nach der Reaktor-Katastrophe von Tschernobyl wurden damit Tiere dekontaminiert, die radioaktives Caesium-137 aufgenommen hatten.

Noch heute wird Preußisch Blau bei der Aquarell- und Ölmalerei verwendet, aber auch im Druckwesen, in der Kunststoffindustrie sowie bei der Produktion von Füllhaltertinten. Und die Polizeiuniform in Deutschland bekommt gerade ihren längst vergessenen, ehemals blauen „Anstrich" wieder zurück.

Literarische Spuren

Der Alchemist und unangepasste Denker Dippel, geboren auf Schloss Frankenstein bei Darmstadt, soll Mary Shelley als Vorbild für ihren Schauerroman „Frankenstein oder Der moderne Prometheus“ gedient haben, in dem es einem übereifrigen Forscher gelingt, einen künstlichen Menschen zu schaffen – ein auf grausame Weise misslingendes Experiment. In Theodor Fontanes Roman „Frau Jenny Treibel“ ist die Berliner Familie Treibel im Besitz großer Fabriken, in denen Preußisch Blau hergestellt wird, und Kommerzienrat Treibel versteht die Produktion des bei der Herstellung preußischer Uniformen verwendeten Farbstoffes als patriotische Tat.

Politische Biologie: Zucker aus Rüben

Schon früheste Kulturen waren an Honig als Süßstoff interessiert. Wo kein Salz zur Verfügung stand, würzte man damit sogar Fleisch. Erst seit den Kreuzzügen des Mittelalters wurde Zucker aus dem ostindischen Zuckerrohr allmählich auch in Europa bekannt. Jahrhundertelang stellte er allerdings einen Luxusartikel dar. Mit der Erschließung tropisch gelegener Kolonien taten sich neue Anbaugebiete auf: War es Christoph Columbus selbst, der die Pflanze auf die Westindischen Inseln brachte? Jedenfalls fand sie hier hervorragende klimatische Bedingungen. Trotzdem war die Arbeit auf den Plantagen extrem hart. Nachdem die indigene Urbevölkerung fast ausgerottet worden war, begann der Sklavenimport aus Afrika. In der Geschichtsschreibung werden die Jahrzehnte, in denen die Kolonien besonders vom Zuckerrohranbau geprägt waren, geradezu als Zuckerzyklus bezeichnet. Doch so viel Reichtum sich mit Zucker erwerben ließ: Ein Produkt für die Massen war er immer noch nicht.

In Preußen kam hinzu, dass das Land keine überseeischen Kolonien hatte, in denen Zuckerrohr hätte angebaut werden können. So musste man den Zucker – teilweise von politischen Feinden – teuer einkaufen. Trotzdem fand die 1747 gemachte Entdeckung des preußischen Chemikers Andreas Sigismund Marggraf (1709–1782), dass auch die heimische Runkelrübe Zucker enthält, keine weitere Beachtung. Knapp 30 Jahre vergingen, ehe sein Schüler Franz Karl Achard (1753–1821) die Sache wieder aufgriff und Friedrich II. Beispiele seiner weiterführenden Untersuchungen übersandte. Mit königlicher Unterstützung erwarb er im Jahre 1782 in Kaulsdorf bei Berlin ein Gut, auf dem er mit dem Anbau und der Zucht verschiedener Arten von Rüben begann, um ihren Zuckergehalt zu erhöhen. Auch wenn er am Ende ans Ziel kam: Rückschläge und Desinteresse von seiten der Öffentlichkeit begleiteten den Weg dieses ungemein arbeitsamen und erfindungsreichen Forschers. 1786 brannte sein Gut in Kaulsdorf ab, woraufhin er zunächst in Französisch Buchholz und seit 1801 in Cunern/Schlesien fortsetzte. Motivation für Archard war im Übrigen auch, der Not der Sklaven auf den Zuckerrohrplantagen ein Ende zu setzen.

Die politischen Umstände dieser Zeit begünstigten die Idee einer Nutzung der Zuckerrübe. 1805 hatte das Napoleonische Frankreich Großbritannien angegriffen, seine Flotte wurde jedoch in der Schlacht von Trafalgar vernichtend geschlagen, so dass Frankreich nun von seinen Kolonien und deren Produkten abgeschnitten war. Im Gegenzug verkündete Napoleon Bonaparte – übrigens vom gerade eroberten Berlin aus – die sogenannte Kontinentalsperre, die englische Produkte vom europäischen Festland fernhalten sollte. Weder aus den französischen noch aus den englischen Kolonien konnte nun auf reguläre Weise ausreichend Zucker nach Preußen gelangen. Die Preise explodierten. Während 1793 ein Kilogramm Zucker 2,70 Goldmark gekostet hatte, waren während der Kontinentalsperre 180 Goldmark zu zahlen.

Doch gelang es bis zum Ende der Kontinentalsperre nicht, die Produktion von Zucker aus Rüben bis zur Marktreife zu entwickeln. Als Rohrzucker wieder frei verfügbar war, kümmerte man sich in Preußen nicht mehr weiter um die heimische Rübenzuckerproduktion. Für Frankreich dagegen hatte Napoleon einen Einfuhrstopp für Rohrzucker erlassen, woraufhin sich die Rübenzuckerproduktion in Frankreich in überragendem Maße entwickelte. In den späten

Franz Karl Achard

1820er/1830er Jahren brachten deutsche Chemiker die technologischen Fähigkeiten und Kenntnisse zur Rübenzuckerproduktion wieder nach Deutschland zurück.

Heute könnte Rohrzucker, der am wenigsten verarbeitet ist und daher im Sinne der Vollwerternährung dem raffinierten Weißzucker vorgezogen werden sollte, wieder weitaus preisgünstiger sein als Rübenzucker. Doch wird er durch hohe Einfuhrzölle in die EU verteuert, während heimischer Rübenzucker durch hohe Subventionen billig gehalten wird. Wirtschaftspolitik und Zucker – das Kapitel ist noch nicht zu Ende.

Achards erfindungsreiches Leben

Achard, der schon mit 23 Jahren Mitglied der Königlich Preußischen Akademie der Wissenschaften zu Berlin wurde, arbeitete als Physiker, Chemiker und Biologe an einer Vielzahl verschiedenster Entwicklungen. Er konstruierte eine Maschine zur Herstellung künstlicher Edelsteine, montierte Blitzableiter nicht nur auf Berliner Privathäusern, sondern auch auf dem Französischen und dem Deutschen Dom, ließ nach den Experimenten der Brüder Montgolfiere in Berlin die ersten Luftballons steigen, konstruierte einen transportablen Feldtelegrafen, baute einen Elektromesser, ein Differentialmanometer und vieles mehr. Eingebracht haben ihm all diese höchst bemerkenswerten Aktivitäten nicht viel. Im Gegenteil: Mit seinen Experimenten hat er sich immer wieder hoch verschuldet. Ein skandalreiches Privatleben dürfte seinen sozialen Stand erheblich beeinträchtigt und dazu beigetragen haben, dass er der Akademie bei seinem Ableben nicht einmal einen Nachruf wert war.

Die Kartoffel im Glas:
Der Pistoriussche Brennapparat

Dass es Friedrich II. war, der in Preußen die Kartoffel heimisch machte und als Grundnahrungsmittel einführte, ist bekannt. Die technischen Voraussetzungen dafür, dass man Kartoffeln nicht nur essen, sondern quasi auch trinken kann, schuf Johann Heinrich Leberecht Pistorius (1777–1858). Dieser kam als Schüler nach Berlin. Nach Absolvierung des Gymnasiums eröffnete

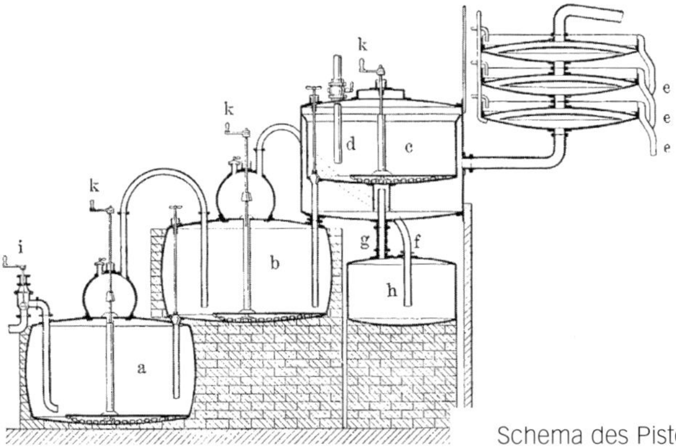

Schema des Pistoriusschen Brennapparats

er eine Branntweinbrennerei. Das scheint ein einträgliches Geschäft gewesen zu sein. Allein in der Neuen Königstraße, in der Pistorius ansässig war – sie führte vom Schloss bis zum Alexanderplatz und entsprach in etwa der heutigen Rathausstrasse und ihrer Verlängerung –, sind noch sechs weitere Brennereien nachweisbar. Doch wirklich hochwertigen, also hochprozentigen und mit wenig Fuselöl belasteten Branntwein bekam man nur, wenn man das Produkt der alkoholischen Gärung unter hohem Energie- und Zeiteinsatz mehrfach destillierte. Pistorius, der Privatvorlesungen in Chemie besucht hatte, begann zu experimentieren. Im Oktober 1816 stellte er dem preußischen Finanzministerium einen Brennapparat vor, der bei nur einem Destillationsvorgang Spiritus mit 80 Prozent Alkohol erzeugte. Er rechnete die zu erwartenden Einsparungen an Brennmaterial und Zeit vor und bat um eine 15-jährige Schutzfrist für seine Erfindung. Neben der Eindämmung der Entstehung von Fuselöl nannte er noch einen weiteren Vorteil: Bei seinem Gerät konnten auch Kartoffeln als Ausgangsmaterial benutzt werden.

Es gab einige Verwicklungen um die Schutzfrist und unberechtigte Nachbauten seines Gerätes. Der Kartoffelschnaps aber wurde zum Renner. Pistorius wurde durch das Patentgeld und eine Erbschaft seiner Schwester in die Lage versetzt, das Rittergut Weißensee bei Berlin zu kaufen. Dort baute er fortan seine Kartoffeln selbst an und verarbeitete sie in der gutseigenen Brennerei. Die nach dem Entzug des Alkohols übrig gebliebene Masse, die sogenannte Schlempe, wurde anschließend noch an die Kühe verfüttert. Mit dieser Karriere wurde Pistorius zum ersten Protagonisten einer neuen Kaste von Unternehmern. Auf preußischen Gütern sprossen die Kartoffelschnapsbrennereien wie Pilze aus dem Boden. Verschiedene Gründe begünstigten diese Entwicklung: Die Kartoffel ist für den mageren märkischen Boden wie geschaffen. Just in dem Jahr, in dem Pistorius seine Erfindung anmeldete, kam es außerdem zu einer Missernte beim Getreide, in deren Folge es eine Hungersnot gab und mehrere Jahre die Kornpreise so extrem hoch blieben, dass es fast unmöglich wurde, Korn zur Schnapsbrennerei zu verwenden. Schließlich spielte auch noch die große Politik hinein. Mit den Stein-Hardenbergschen Agrarreformen wurden ab 1807 in Preußen Leibeigenschaft und Gutsuntertänigkeit abgeschafft. Die Gutsbesitzer sollten von den Bauern mit Geld für verlustig gegangene Hofdienste entschädigt werden. Da diese aber kaum Bargeld besaßen, kam dieser Prozess erst nach der Missernte von 1816 in Gang, als die Bauern das wenige Korn gewinnbringend verkaufen konnten. Das erhaltene Geld steckten viele Gutsbesitzer in Schnapsbrennereien.

Binnen kurzem war Preußen Europas führender Schnapsproduzent. 1831 gab es allein in der Provinz Brandenburg schon mehr als 1.400 Kartoffelbrennereien. Um 1887/88 waren es in ganz Deutschland 6.268 Brennereien, die knapp über zwei Millionen Tonnen Kartoffeln verarbeiten. Der Weltmarkt wurde von preußischem Kartoffelschnaps, den man sogar dem Wein beimischte, buchstäblich überschwemmt.

Preußischer Schnaps im deutschen Reichstag

»Die Brennerei zeigt sich jetzt als die eigentliche materielle Grundlage des gegenwärtigen Preußens. Ohne sie mußte das preußische Junkertum zugrunde gehen; seine Güter wären zum Teil von großen Landmagnaten aufgekauft worden, die eine wenig zahlreiche Aristokratie im russischen Sinn gebildet hätten; zum Teil wären sie zerschlagen worden und hätten die Grundlage zu einem selbständigen Bauernstand gebildet. Ohne sie wäre der Kern Preußens ein Land von etwa 2.000 Köpfen auf die Quadratmeile geblieben, unfähig, in der Geschichte weiterhin eine Rolle zu spielen, weder im guten noch im schlechten, bis die bürgerliche Industrie sich hinreichend entwickelt, um auch hier die gesellschaftliche und vielleicht politische Leitung zu übernehmen. Die Brennerei hat der Entwicklung eine andere Wendung gegeben. Auf einem Boden, der fast nichts hervorbringt als Kartoffeln und Krautjunker, aber diese auch massenhaft, konnte sie der Konkurrenz einer Welt Trotz bieten.«

Friedrich Engels, Februar 1876

Schnapsgläser

Doch auch zu Hause fand er Anklang – zu großen Anklang, wie sich bald zeigte: Kartoffelschnaps wurde zum Volksgetränk. Denn Kartoffelschnaps war billig. Ein Quart, also ein reichlicher Liter, kostete nur zehn bis zwölf Groschen. Dazu kam, dass in der Landwirtschaft und in den Fabriken ein Teil des Lohnes in Schnaps gezahlt wurde. Die Folge: Alkoholismus machte sich gerade in den unteren Schichten breit. Lag der Branntweinkonsum in Preußen um 1800 bei zwei bis drei Litern reinem Alkohol pro Kopf und Jahr, waren es um 1830 mehr als acht, in Brandenburg sogar 13 Liter.

Man sprach schließlich richtiggehend von einer Branntweinpest. Die Entwicklung war so besorgniserregend, dass der Staat mit der Reichsbranntweinsteuerreform von 1887 den Preis der Spirituosen verdoppelte.

Innovative Landtechnik

Mitte der 1840er Jahre ließ Pistorius sich moderne Pflüge aus England und den USA kommen, die allerdings den Bedingungen des leichten märkischen Bodens angepasst werden mussten. Mit diesen Umbauarbeiten beauftragte er nicht, wie es eigentlich nahe gelegen hätte, den gutseigenen Schmied, sondern einen jungen Schlossermeister namens Heinrich Ferdinand Eckert (1819–1875). Aus der erfolgreichen Zusammenarbeit entstand eine neue Geschäftsidee: Eckert verlegte sich ganz aufs Bauen von Pflügen und anderen landwirtschaftlichen Maschinen. Seine Schlosserei wurde zur Landmaschinenfabrik H. F. Eckert, später gar zu einer AG. 1852 wurde sein erster Pflug, der erste moderne deutsche Schwingpflug überhaupt, patentiert. Getestet worden war er zuvor auf dem Pistoriusschen Gut in Weißensee. Zu Eckerts breitem Spektrum landwirtschaftlicher Geräte gehörten auch Maschinen für die Spiritusbrennerei. Nach Eckert ist heute die Straße in Berlin-Friedrichshain, wo sich die Eckertwerke bis 1870 befanden, benannt. Der erste Kartoffelhebepflug stammt freilich nicht von Eckert, sondern von einem anderen Berliner namens Ruldolph Zorn.

Der Widerstand der Produzenten, die Friedrich Engels mit klaren Worten als „die infamen Kartoffelfusel produzierenden Großgrundbesitzer" bezeichnete, war natürlich enorm, doch der Konsum ging schlagartig um rund 40 Prozent zurück. Heute schließlich muss man schon eine Weile im Spirituosenregal suchen, um Kartoffelschnaps überhaupt noch zu finden.

Gründerzeiten, Erfinderzeiten

In den ersten Jahrzehnten des 19. Jahrhunderts gewinnt Preußen zunehmend Anschluss an die industrielle Revolution. Die Rahmenbedingungen hierfür werden maßgeblich durch die Stein-Hardenbergschen Reformen geschaffen. Nach Aufhebung der Gutsuntertänigkeit und Einführung der Gewerbefreiheit kann sich nun jeder Mensch in Preußen frei bewegen und seinen individuellen beruflichen Ambitionen folgen. Wer eine zündende Idee – und die Mittel zu ihrer Umsetzung – hat, kann seine Chance ergreifen. So kommen häufig Außenseiter durch Zufall in ihr späteres Fach. Erfinder bahnbrechender Neuerungen beschließen, ihre Entwicklungen in Eigenproduktion herzustellen und zu vermarkten. Es beginnt eine Ära von Firmengründungen, in der die Grundlagen für manche heute noch agierende Firmen gelegt werden.

Geschwindigkeit – das ist eines der Zauberworte des 19. Jahrhunderts. Alles muss schneller gehen. Zur Fortbewegung reichen ein paar Pferdestärken nicht mehr aus, Nachrichten sollen möglichst umgehend ihren Empfänger erreichen. Preußen hat daran aus politischen und geografischen Gründen ein besonderes Interesse, weil dem Kernland mit den Beschlüssen des Wiener Kongresses von 1815 weit entfernte und territorial getrennte Rheinprovinzen zugesprochen wurden. Die Zerrissenheit der Gebiete wird zum Ansporn, sich um die neuesten Nachrichtentechniken und moderne Transportsysteme zu bemühen. Die erste Eisenbahnlinie Preußens verbindet seit 1838 Berlin mit der Residenzstadt Potsdam. Zwischen Berlin und Koblenz wird die damals längste optische Wink-Telegrafenlinie Europas aufgebaut. Als sich 1848 die Deutsche Nationalversammlung in der Paulskirche in Frankfurt am Main versammelt, erhält die Berliner Firma Siemens & Halske von der preußischen Telegrafenkommission den Auftrag, das Parlament und die königliche Residenz in Berlin mit einem elektrisch betriebenen Zeigertelegrafen zu verbinden. Die Abgeordneten in der Paulskirche beraten die Gründung eines deutschen Nationalstaates und tragen dem preußischen König Friedrich Wilhelm IV. die Kaiserwürde an. Die Nachricht erreicht ihn am 28. März 1849 per Telegraf innerhalb einer Stunde. Die Delegation mit dem offiziellen Angebot trifft erst sechs Tage später in Berlin ein.

Der Manufakturbetrieb weicht immer mehr der Fabrikarbeit, die Güterproduktion wird um ein Vielfaches beschleunigt. Moderne Verkehrswege machen auch die Anbindung berlinferner Orte, später sogar die gezielte Auslagerung von Produktion und Forschung unproblematisch.

Wissenschaftlicher und wirtschaftlicher Fortschritt haben auch ihre negativen Seiten; Fabrikarbeit, die nun mit künstlichem Licht auch in den Nachtstunden stattfinden kann, ist oft schwer, ja gefährlich, und allzu oft schinden hier auch Kinder. Doch es gibt auch fortschrittliche Gründer der ersten Stunde, die soziales Engagement beweisen. Sie richten, bevor es der Staat tut, Renten- und Krankenkassen für ihre Belegschaften ein. Bestes Beispiel von vielen ist der für seine umfassenden Verdienste geadelte Werner von Siemens.

Brillen für jedermann: Die Vielschleifmaschine

Warum heißt die Brille Brille? Weil Sehschwache früherer Zeiten sogenannte Berylle, geschliffene klare Kristalle, zum Vergrößern nutzten. Das war eine kostspielige Angelegenheit, und an die Brille für jedermann war noch lange nicht zu denken. Der Pfarrer Johann Heinrich August Duncker (1767–1843) aus Rathenow erbrachte Anfang des 19. Jahrhunderts eine Leistung, die für die Optik eine ebenso große Bedeutung wie die Erfindung der Dampflok für die Entwicklung des Transportwesens hatte.

Gedanken über eine effektive Produktion von Brillengläsern hatten sich vor ihm schon andere gemacht. Da immer mehr Menschen zu Büchern und Zeitungen griffen, war die Nachfrage nach Brillen enorm gestiegen, die Qualität der gegossenen oder unregelmäßig geschliffenen Gläser

Johann Heinrich August Duncker

aber nicht befriedigend. Alle Versuche, in Preußen optische Produkte industriell zu fertigen, waren bislang fehlgeschlagen. Das Scheitern eines anderen Unternehmens trug letztlich zu Dunckers Erfolg mit bei: Ein Schulmeister und ein Kaufmann aus Neuruppin hatten eine Schleifmaschine konstruiert, die eine Vielzahl von Gläsern gleichzeitig schleifen konnte. Jedoch funktionierte die Maschine nie so recht, und die beiden Geschäftspartner zerstritten sich. Die Maschine landete in der Konkursmasse, aus der Duncker sie in Berlin erwarb. Aber wie kam ein junger Pfarrer aus Rathenow dazu, eine solche Reise nach Berlin zu unternehmen und sich in ein seinem Beruf völlig artfremdes wirtschaftliches Risiko zu stürzen?

Duncker hatte sein Theologiestudium an den Frankeschen Stiftungen in Halle an der Saale absolviert. Neben seinen theologischen Studien hatte er dort praktische Fähigkeiten wie Drechseln und Glasschleifen erlernt und Vorlesungen in Mathematik und Physik gehört. Seit 1789 in Rathenow zunächst als Diakon, dann als Pfarrer tätig, gab er das Tüfteln zu Mechanismen der Optik nicht auf. Die Einnahmen aus den von ihm gebauten Mikroskopen besserten nicht unerheblich die Haushaltskasse auf. Ein Mikroskop schenkte Duncker sogar dem Kronprinzen Friedrich Wilhelm.

Die Produktion zum Gewerbe zu erheben war Duncker als Prediger jedoch nur mit Erlaubnis des Königs möglich. Nachdem Friedrich Wilhelm III. verschiedene Gutachten über die Rathenower Gläser eingeholt hatte, entsprach er der Bitte. Gemeinsam mit dem Rathenower Garnisonspfarrer Samuel Christoph Wagener als Geldgeber und Teilhaber gründete Duncker am 10. März 1801 die Königlich privilegierte Optische Industrie-Anstalt. Am gleichen Tag ließ er auch seine Vielschleifmaschine patentieren. Für den Bau dieser Maschine, bei der mehrere auf ein Holzgestell montierte Spindeln gleichzeitig elf Linsen schliffen, verwendete Duncker Teile

Rathenow – Stadt der Optik

Nach der Erkrankung des Vaters Johann Heinrich August Duncker musste sein Sohn Eduard mit erst 23 Jahren die Leitung der Firma übernehmen. Mit derselben Beharrlichkeit wie sein Vater baute er das optische Imperium weiter aus. 1843, im Jahr, als Johann Heinrich August Duncker starb, wurden 250.000 Gläser und 10.000 Fassungen produziert. Den durch die Höhe der Produktion entstandenen Platzmangel in der Fabrik behob Eduard durch die Bereitstellung von Maschinen für die Heimarbeit. In den für Rathenow typischen „Waschküchenbetrieben" konnte nun auch zu Hause produziert werden. Die Brillen wurden in 300 Niederlassungen von Moskau bis New York verkauft, Qualität aus Rathenow war weltweit anerkannt. Weitere optische Betriebe siedelten sich an. Ende des 19. Jahrhunderts gab es 163 optische Firmen in der „Stadt der Optik", die auch neue Märkte erschlossen und Fotoobjektive und Fotoapparate produzierten.

des in Berlin erworbenen Gerätes. Die Arbeit war so präzise, dass jeweils genau die benötigten Dioptrien für die Sehschärfenkorrektur hergestellt werden konnten. Den berüchtigten Glasfeinstaub verhinderte Duncker durch Nassschliff. Der Betrieb erfolgte mit wenig Kraftaufwand durch eine Handkurbel.

Die Manufaktur entwickelte sich rasant. Duncker strebte nicht nur nach technischer Perfektion. Er warb damit, dass seine Brillen von Augenärzten geprüft wurden. Eine geschickte Strategie war es, die Brillen nicht durch Hausierer verkaufen zu lassen, sondern zu festen Preisen in ausgewählten Fachgeschäften und von Händlern, die in der individuellen Anpassung der Brillen geschult waren. Bald wurde die Produktpalette um Brillenfassungen aus Eisen, Horn und Stahl sowie Brillenfutterale erweitert. Zwei Jahre nach Gründung des Unternehmens erschien der erste Katalog, zahlreiche Filialen in mehreren deutschen Städten wurden eröffnet.

Duncker führte während der gesamten unternehmerischen Aktivität seine seelsorgerische Tätigkeit weiter. Aber gerade als es nach den wirtschaftlich schweren Jahren der Napoleonischen Kriege auch mit der Optik wieder bergauf ging, wurde er 1819 durch ein Nervenfieber abrupt aus seinen beiden Berufungen herausgerissen. Der immer so agile, kluge, arbeitsame Mann verbrachte die letzten 23 Jahre seines Lebens unheilbar und hilflos in geistiger Umnachtung.

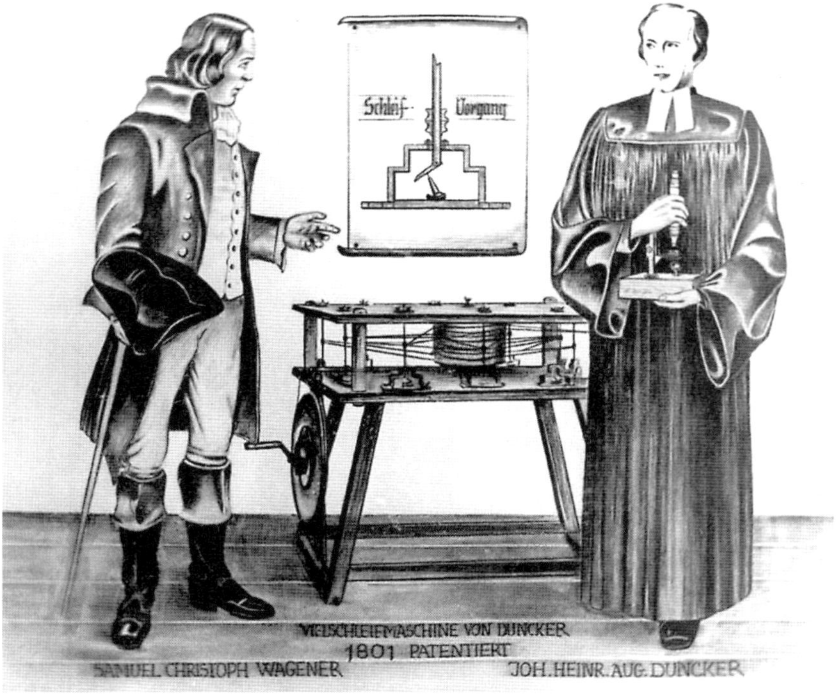

Wagener und Duncker mit der Vielschleifmaschine

Das Dunckersche Hörrohr

Nicht nur die Augen werden mit zunehmendem Alter oft schlecht. Als Johann Heinrich August Duncker an Schwerhörigkeit zu leiden begann, behalf er sich gleich selbst, konstruierte ein Hörrohr, ließ auch dieses patentieren und ebenfalls durch die Optische Industrie-Anstalt verkaufen. Das Dunckersche Gehörrohr war von schwarzem weichen Leder überzogen. An einem Ende befand sich eine biegsame weiche Spitze, am anderen Ende ein kleiner glockenförmiger Trichter aus Horn. Die weiche Lederspitze wurde in das Ohr gehalten, die sprechende Person redete in den Trichter. Der berühmteste Nutzer des Hörrohrs war der Staatskanzler Fürst von Hardenberg.

Carl Eduard Biermann: Borsig's Maschinenbau-Anstalt zu Berlin, 1847

Nach-Erfunden in „Feuerland": Die Dampflok

Nördlich der historischen Stadtgrenzen von Berlin, dort, wo sich in früheren Zeiten auf freiem Feld die Scharfrichterei und der Galgenberg befunden hatten, entstand ab Ende des 18. Jahrhunderts neben Exerzierplatz, Invalidenhaus und Friedhof das sogenannte Feuerland. Über den metallverarbeitenden Betrieben und Maschinenfabriken, die sich dort ansiedelten, war der Widerschein des flüssigen und glühenden Metalls Tag und Nacht weithin zu sehen.

Unermüdlich war man bestrebt, dem Mutterland der technischen Revolution England nachzufolgen. War dort bereits 1712 die erste verwendbare Dampfmaschine zum Einsatz gekommen und auch die verbesserte Konstruktion von James Watt schon seit 1769 patentiert, gab es in Berlin erst ab 1799 eine dieser das ganze Zeitalter revolutionierenden Maschinen. Immer wieder schickte Preußen Industriespione nach England, so Johann Friedrich Krigar, der dort 1815 die Zahnrad-Dampflokomotive von John Blenkinsop und Matthew Murray besichtigte. Diese gilt heute als erste kommerziell erfolgreiche Dampflok überhaupt und wurde bereits ein Jahr später von Krigar in der Königlich Preußischen Eisengießerei in Berlin nachgebaut. Die Maschine war für den Einsatz in Schlesien bestimmt, wurde also aufwendig demontiert, per Schiff transportiert und wieder zusammengesetzt, kam dann allerdings aufgrund technischer Schwierigkeiten nie zum Einsatz.

Parallel dazu gelang es dem Berliner Georg Christian Freund, nach dem Wattschen Vorbild eine Dampfmaschine zu konstruieren. Auch Franz Anton Egells war auf eine „Studienreise" nach England geschickt worden. Von seinen Erfahrungen profitierte der Zimmermann August Borsig (1804–1854), der in der Egellsschen Maschinenbau-Anstalt und Eisengießerei lernte, mit Eisen statt mit Holz zu bauen. Dieser wurde schließlich zum Lokomotiven-König von Berlin.

Angeregt durch die Inbetriebnahme der ersten preußischen Eisenbahn 1838, begann Borsig, der inzwischen seine eigene Firma gegründet hatte, sich mit dem Lokomotivbau zu befassen. Damals lag noch alles fest in englischer Hand: der Bau der Bahnanlage, die Lieferung der Lokomotiven und die Betriebsführung. Wirkungsweise, Konstruktion und verwendetes Material der Lokomotiven wurden ängstlich geheim gehalten. Als Borsig seine erste Lokomotive baute, musste er die Konstruktion quasi neu erfinden. Erste Fahrten auf dem Betriebsgelände waren ein glänzender Erfolg.

Zeichnung von Borsigs erster Lokomotive, 1840

Die Bahndirektion lehnte jedoch eine öffentliche Probevorführung brüsk ab. Erst 1841 durfte Borsig seine Lokomotive auf dem Anhalter Bahnhof montieren und zur allgemeinen Zufriedenheit vorführen. Eine Wettfahrt auf der Strecke Berlin–Jüterbog gegen eine von George Stephenson gebaute Lokomotive gewann die „Borsig" mit zehn Minuten Vorsprung. Nun kam es auch zu einem größeren Liefervertrag: Nach fünf Jahren verließ das hundertste und nach weiteren zwei Jahren das zweihundertste „Dampfroß das Borsigsche Gestüt", wie ein Zeitgenosse schrieb.

Mit weiteren Firmen wie der Eisengießerei und Maschinen-Fabrik von L. Schwartzkopff oder Orenstein & Koppel wurden Berlin und sein Umland in der zweiten Hälfte des 19. Jahrhunderts zu einem Zentrum der metallverarbeitenden Industrie, des Maschinen-, besonders des Fahrzeugbaus. Um diese Großbetriebe rankten sich eine Menge kleinerer Zulieferer und Spezialbetriebe für die Ausrüstung der Eisenbahnen, beispielsweise für die Signal- und Sicherungstechnik oder für die Eisenbahntelegrafie. Dass diese zum Teil auch weiter entfernt lagen, war gerade durch die neuen Eisenbahnverbindungen kein Problem. So wurden in Vetschau in der Lausitz Drehgestelle produziert, die eine sanfte Kurvenfahrt ermöglichten.

Feuerland aber wurde nach und nach mit Wohnhäusern besiedelt. Inzwischen ist es lange eingemeindet. Spuren der einstigen industriellen Prägung sind rund um das Oranienburger Tor nur noch wenige auszumachen. Auf die Helden dieser Epoche verweisen einige Straßennamen – und ihre Gräber auf dem Dorotheenstädtischen Kirchhof ganz in der Nähe.

Der Universal-Schraubenschlüssel

Mit der Industrialisierung kam die Hoch-Zeit der Schrauben. Wie viele von ihnen stecken allein in einer einzigen Dampflok! Und da benutzte zunächst einmal jeder Hersteller seine eigenen Maße. Lange bevor an eine Normierung zu denken war, erfand der Maschinenfabrikant Louis Schwartzkopff (1825–1892) 1863 einen Universal-Schraubenschlüssel, mit dem durch Drehen des Handgriffes der Abstand der beiden Spannbacken stufenlos verstellt werden konnte. Der sogenannte „Franzose" machte es möglich, mit nur einem Werkzeug Schrauben aller Größen und Formen zu lösen oder anzuziehen. Obwohl er in dieser Bauform nicht mehr hergestellt wird, ist er noch immer auf dem Verkehrszeichen für Pannenhilfe zu sehen.

Nachrichten in Blitzesschnelle: Zeigertelegraf und isoliertes Kabel

Rauchzeichen, Jodler, reitende Boten, Wimpel und Signalhörner, Fackeln und Spiegel – um Nachrichten zu übermitteln, haben sich die Menschen schon früh alle möglichen Lösungen überlegt. Im 19. Jahrhundert gab es schließlich eine regelrechte „Kommunikationsrevolution".

1837 entwickelte der US-Amerikaner Samuel Morse den Schreibtelegrafen. Vor der breiten Einführung der elektrischen Telegrafie musste jedoch ein gar nicht so leichtes Problem gelöst werden: die Schaffung der Übertragungswege bei der Weiterleitung elektrischer Impulse als Träger der Information. Als elektrisch gut leitfähig und wirtschaftlich vertretbar kamen Eisen- oder Kupferdrähte in Frage. Aber Eisen rostete als Luft- bzw. Freileitung allzu schnell, und Kupfer benötigte wegen seiner geringen Zugfestigkeit einen unmäßig dichten Abstand der aufzustellenden Holzmaste. Große Wasserflächen hätten überhaupt nur mit isolierten Unterwasserkabeln überwunden werden können. Erfolglos experimentierte man mit geteertem Hanf, Wachs, Schellack und Kautschuk. Da präsentierte 1842 der schottische Arzt William Montgomery der Royal Society in London ein neuartiges Material, eine kautschukähnliche Masse aus tropischem Baumharz. Der junge Deutsche Carl Wilhelm Siemens, der sich gerade in England aufhielt, um ein Patent seines Bruders Werner zur Galvanisierung von Metallen zu vermarkten, erfuhr davon und schickte umgehend eine Probe nach Deutschland. Das Material erwies sich als ausgezeichneter elektrischer Isolator und war erwärmt gut verarbeitbar. Das bloße Aufwalzen der Masse auf den Draht bescherte jedoch immer wieder Schwachstellen an den Walzfugen. Vollen Erfolg hatte Werner Siemens (1816–1892) erst mit einer nahtlosen Umhüllung der Leitungsdrähte, die ihm mit einer selbst entwickelten Guttaperchapresse gelang.

Werner von Siemens, 1845

Zeigertelegraf, 1856

Diese Arbeit nahm Siemens nicht alleine vor. Während er die Idee lieferte, überließ er die „Bastelarbeit“ dem Feinmechaniker Johann Georg Halske (1814–1890). So verfuhren sie auch bei der Entwicklung eines Zeigertelegrafen. Um diesen zu bedienen, musste das entsprechende Morsezeichen nicht mehr mühsam eingegeben, sondern nur noch mit dem Zeiger angetippt werden. Zur Vermarktung ihrer Erfindungen gründeten die beiden 1847 in Berlin mit dem von einem Vetter geborgten Stammkapital von 6.000 Talern die Telegraphen-Bau-Anstalt von Siemens & Halske. Aus einer Hinterhofwerkstatt mit drei Arbeitern entstand eine noch heute weltweit agierende Firma, die nachhaltigen Anteil an der industriellen Entwicklung Berlins als Zentrum der Elektrotechnik hatte und wesentliche Beiträge beim Aufbau eines kontinenteüberspannenden Nachrichtennetzes lieferte.

Nicht nur der preußische König wurde Kunde. 1851 bekamen die auf der Weltausstellung in London gezeigten Produkte von Siemens & Halske mit der Council Medal die höchste Auszeichnung. 1852 beauftragte der Zar von Russland die Firma mit der Einrichtung einer Telegrafenlinie zwischen Warschau, St. Petersburg und Moskau. Diese wurde mit Hilfe von Bruder Carl Wilhelm schließlich bis Odessa ausgebaut. 1855 wurde eine Niederlassung in St. Petersburg gegründet. 1857 war das Unternehmen an der erfolgreichen Verlegung der ersten Unterwasserleitung durchs Mittelmeer durch die englische Firma R. S. Newall & Co. beteiligt, 1874/75 an der Verlegung der ersten funktionstüchtigen direkten Tiefseekabellinie Irland–New Hampshire.

All diese Aktivitäten waren Halske irgendwann nicht mehr ganz geheuer, so dass er 1867 die Firma verließ. Als Stadtrat von Berlin förderte er die Einrichtung des dortigen Kunstgewerbemuseums. Siemens aber expandierte nicht nur, er forschte auch weiter. Nach seiner Entdeckung des elektrodynamischen Prinzips und der daraus resultierenden Erfindung des Generators zur Stromerzeugung entwickelte sich die Firma in Richtung Starkstromtechnik weiter.

Erwähnt werden soll noch ein eher ungewöhnlich anmutendes Kontrollverfahren, das bei Siemens & Halske zum Aufspüren von Fehlern in der Kabelisolierung zur Anwendung kam: Ein Arbeiter musste einen Finger ständig in ein mit Wasser gefülltes Gefäß halten, durch das das zu prüfende und unter Strom stehende Kabel hindurchgeführt wurde: Bei Isolationsfehlern bekam der Prüfer einen spürbaren elektrischen Schlag.

Werner von Siemens

Als junger Artillerieoffizier hatte Werner Siemens bei einem Duell sekundiert und bekam dafür 1841 eine Strafe von fünf Jahren Festungshaft aufgebrummt. Ein halbes Jahr davon musste er in der Zitadelle Magdeburg verbüßen, wo man ihm jedoch die Durchführung physikalischer Experimente gestattete. Dabei entwickelte er das galvanoplastische Verfahren, Silberlöffel mit Gold zu überziehen. Als er vorzeitig begnadigt und entlassen wurde, soll er recht ungehalten gewesen sein. Er berichtete selbst: „Es war wirklich hart für mich, meiner erfolgreichen Tätigkeit so plötzlich entrissen zu werden." Doch Erfolge sollte er später in seinem Leben noch genug haben. Dabei bemühte er sich nicht nur um rein wirtschaftliche Belange. Schon 1855 wurde die Belegschaft seines Betriebes am Gewinn beteiligt. Auch Akkordlöhne und Prämien sollten das Engagement der Arbeiter fördern. 1872 gründete die Firmenleitung eine Pensions-, Witwen- und Waisenkasse.

1873 wurde Werner Siemens in die Preußische Akademie der Wissenschaften aufgenommen. 1879 wurde er erster Präsident des von Heinrich Stephan gegründeten „Elektrotechnischen Vereins". Nicht zuletzt auf seine Anregung hin verabschiedete man 1877 ein einheitliches deutsches Patentgesetz. Siemens selbst war etliche Jahre Mitglied des parallel dazu geschaffenen Reichspatentamtes. Er erhielt die Ehrendoktorwürde der Berliner Universität sowie zahlreiche Orden. 1888 hob ihn Kaiser Friedrich III. in den erblichen Adelsstand.

Pferdestärken ohne Äppel: Die elektrische Straßenbahn

300 Meter lang war der Rundparcours, auf dem die erste elektrische Bahn der Welt fuhr. Präsentiert wurde sie 1879 von der Firma Siemens & Halske auf der Berliner Gewerbeausstellung. Das Interesse der Fachwelt war groß. Das Bedürfnis nach modernen, schnellen Verkehrsmitteln war vorhanden, entstand doch im Zuge der rasanten Entwicklung der Stadt Berlin eine Vielzahl mehr oder weniger weit entfernter Vororte mit Industriebetrieben und Wohnsiedlungen.

Zwar gab es bereits ein Netz aus Pferde- und Dampfstraßenbahnen, ins Umland führende Eisenbahnlinien und die 1877 bis 1880 gebaute Berliner Ringbahn. Doch die innerstädtischen Verkehrsmittel waren mit verschie-

Telegraphen Bau-Anstalt
von
SIEMENS & HALSKE
in
BERLIN.

Firmenlogo von Siemens & Halske, 1856

denen Nachteilen behaftet: Die Pflege der Pferde war aufwendig, Einsatzzeiten und Geschwindigkeit waren begrenzt. Die Dampfstraßenbahn belästigte durch Rauch- und Geruchsentwicklung. Siemens' Erfindung konnte also durchaus eine Alternative darstellen. Trotzdem wurden seine Pläne für ein dichtes Netz von elektrischen Bahnen und Hochbahnen, die er der Stadt Berlin vorlegte, zurückgewiesen.

So gründete er 1881 auf eigene Faust eine Betriebsgesellschaft, die eine stillgelegte Materialbahn zwischen dem Bahnhof Groß-Lichterfelde und der dortigen Kadettenanstalt erwarb und diese zu einer 2,5 Kilometer

Erfindungen von Friedrich von Hefner-Alteneck (1845–1904)

In Siemens' elektrischen Straßenbahnen fuhren als Bestandteil jedes Elektromotors Trommelanker von Friedrich von Hefner-Alteneck mit. Hefner-Alteneck war einer der engsten Mitarbeiter von Siemens und ähnlich universal veranlagt wie dieser. Er hat Siemens' Doppel-T-Anker maßgeblich verbessert, einen Dosenschreiber und die Differenzialbogenlampe erfunden. Nach ihm wurde die inzwischen veraltete Lichtstärkeeinheit Hefnerkerze benannt.

Elektrische Straßenbahn, 1881

langen Versuchsstrecke ausbaute. Auf dieser Strecke fuhren seit dem 16. Mai 1881 Wagen von 4,3 Metern Länge mit zwölf Sitz- und acht Stehplätzen, deren Elektromotoren von 3,7 Kilowatt (was etwa fünf Pferdestärken entspricht) den Fahrstrom von 180 Volt direkt über die Schienen erhielten. Mit maximal 20 Kilometern pro Stunde bewältigte die Bahn die Strecke in zirka zehn Minuten, und wegen der Balance musste der Schaffner auf eine gleichmäßige Verteilung der Fahrgäste achten.

Effektive Stromnutzung

Mit der Einführung der elektrischen Straßenbahn begegnete man ganz gezielt einem der größten Probleme der Stromerzeugung: Die neuen Kraftwerke produzierten rund um die Uhr Strom. Zur Lichterzeugung wurde dieser jedoch nur wenige Stunden am Tag benötigt. Straßenbahnen dagegen fuhren auch am hellen Tage und verbrauchten ebenso wie Elektromaschinen in den Fabriken den Strom von der Tageszeit unabhängig.

Urbanes Leben weckt neue Bedürfnisse

Im 18. Jahrhundert und in den ersten Jahrzehnten des 19. Jahrhunderts entwickelt sich Berlin zur wichtigsten unter den preußischen Residenzstädten, zum geistigen und wirtschaftlichen Zentrum des Landes Brandenburg und des preußischen Staates. Opern, Theater und Bälle, aber auch wissenschaftliche Einrichtungen wie die 1700 als Kurfürstlich Brandenburgische Sozietät der Wissenschaften von Gottfried Wilhelm Leibniz ins Leben gerufene Akademie, die 1810 gegründete Universität (die allerdings die Schließung der 300 Jahre alten Frankfurter Viadrina zur Folge hat), die Bau- und die Bergakademie, die medizinische Lehranstalt an der Charité locken Wissenschaftler und Künstler an. Philosophen sind nicht mehr nur bei gekrönten Häuptern, sondern auch bei Bürgerlichen zu Gast; mit Rahel Levin gründet sogar eine Jüdin einen der wichtigsten Salons der Stadt.

Innerhalb des 19. Jahrhunderts vergrößert sich die Bevölkerung Brandenburgs von einer auf 3,1 Millionen. Immer mehr Menschen drängen in die Städte, allen voran nach Berlin. Von den hier angesiedelten Fabriken versprechen sie sich bessere Verdienstmöglichkeiten. Vielfach bleibt dies Illusion. 40 Prozent des Berliner Stadthaushalts nimmt die Armenfürsorge in Anspruch. Die Zeichnungen Heinrich Zilles, der das Elend der unteren Schichten immer wieder festgehalten hat, liefern die Illustrationen zu dieser Zahl. Das Leben der vielen Menschen muss nach ganz neuen Gesichtspunkten organisiert werden. Lebensmittel in ungeahntem Ausmaß müssen herangeschafft werden. Der Wohnungsbau expandiert, Berlin platzt buchstäblich aus allen Nähten. Zwischen 1867 und 1870 wird die mehrfach nach außen verschobene Akzisemauer abgerissen. Berlin wird zur größten Mietskasernenstadt der Welt. Als Gegenstück zum königlichen Tiergarten wird im Jahr der Märzrevolution von 1848 im besonders dicht besiedelten Osten der Stadt der 52 Hektar große Volkspark Friedrichshain als erste Erholungsstätte für alle Stände eröffnet.

1870/71 wird das Deutsche Reich gegründet. Das Ende der kleinstaatlichen Zersplitterung ist für die Wirtschaft von großem Vorteil. Gleichzeitig sorgen die Reparationsleistungen, die Frankreich an Deutschland zahlen muss, für einen neuen Gründerboom. Berlin wird Reichshauptstadt. Die nunmehr entstehenden Behörden und

Ämter erhöhen die Sogkraft der Stadt weiter. 1881 wird die Stadt aus dem Brandenburgischen Provinzialverband herausgenommen. Mit der Schaffung der Großgemeinde wird sie 1920 endgültig Sonderstatus erreichen. 1877 überschreitet die Einwohnerzahl die Millionengrenze. Im selben Jahr wird ein wichtiger Meilenstein in Bezug auf Erfindungen gesetzt: Ein Reichspatentamt, auf die auch namhafte Unternehmer der Region gedrungen hatten, wird eingerichtet. Viele Erfindungen dieser Jahre – nicht alle davon patentwürdig – sind „typisch Berlin“ und berücksichtigen auch manches sehr spezielle Bedürfnis.

Schon 1822 findet im Gewerbehaus in der Berliner Klosterstraße die erste regionale Gewerbeausstellung statt, 1844 die erste Allgemeine Deutsche Gewerbe-Ausstellung. Seit Mitte des Jahrhunderts treffen sich Vertreter von Wirtschaft, Forschung und Politik auf den Weltausstellungen in London, Paris und anderswo. Auch in Berlin drängt man auf die Einrichtung einer solchen internationalen Schau. Doch Handelskammern und Regierung weisen das Ansinnen aus finanziellen Gründen immer wieder zurück. So bleibt es bei regionalen Ausstellungen, auf denen allerdings auch Erfindungen von Weltrang präsentiert werden.

Gas oder Elektro: Das künstliche Licht

Im Jahr 1882, als der Kampf um die elektrische Straßenbahn noch nicht beendet war, erhielt die Firma Siemens & Halske den Auftrag, eine elektrische Straßenbeleuchtung in Berlin zu installieren. Am Potsdamer Platz und in der Leipziger Straße ging sie in Betrieb. Vielleicht war es gerade diese aufkommende Konkurrenz, die die Hersteller von Gaslaternen bewog, ernsthaft über die Verbesserung der herkömmlichen Beleuchtung nachzudenken. Immer wieder, sogar von allerhöchster königlicher Stelle, hatte es Klagen über die mangelnde Qualität der Gaslaternen gegeben. Man hatte höhere Kandelaber mit mehr Brennern ausgestattet, die Technik selbst jedoch nicht grundlegend verändert.

Nun entwickelte der österreichische Chemiker Carl Auer von Welsbach (1858–1902) ein feinmaschiges, mit Salzen getränktes Gewebe, das durch die Gasflamme zum Weißglühen gebracht wurde und so die eigentliche

Lichtquelle bildete: den Gasglühstrumpf. Das „Auerlicht“ konnte den Siegeszug des elektrischen Lichts zunächst einmal aufhalten. Die vorhandenen Gasverteilernetze wurden ausgebaut. Öffentliche Gebäude, Geschäfte und Wohnungen wurden noch bis in die 1920er Jahre mit Gaslicht beleuchtet.

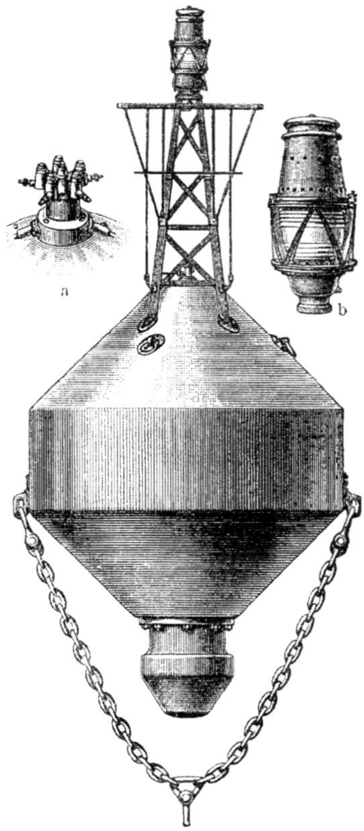

Zeichnung einer Leuchttonne (System Pintsch)

Die Produktion des Glühstrumpfes übertrug Auer der Firma des Berliners Julius Pintsch (1815–1884). Die Julius Pintsch AG stellte die verschiedensten Produkte rund ums Gas vom selbst entworfenen Gasmesser bis hin zu Torpedos her und hatte sich durch qualitätvolle Arbeit und eine Reihe von Eigenentwicklungen empfohlen. Sie baute unter anderem die ersten Leuchtbojen für den Schiffsverkehr und sicherte damit die Strecke zwischen St. Petersburg und Kronstadt, den Nord-Ostsee-Kanal und sogar den Suezkanal. Die Nähe der Fabrik zum Schlesischen Bahnhof, heute Ostbahnhof, brachte ihr den Auftrag ein, Eisenbahnwaggons mit Gasleuchten auszustatten. Die bislang benutzten offenen Flammen stellten stets ein Sicherheitsrisiko dar. Juniorchef Richard Pintsch (1840–1919) entwickelte ein betriebssicheres System mit Ölgas und Gasdruckregulator, mit dem die Waggons nun bestückt wurden.

1892 gründete Auer in Berlin die Deutsche Gasglühlicht-Anstalt, die spätere Deutsche Gasglühlicht AG, in der Pintsch im Aufsichtsrat saß. Doch dass sich das elektrische Licht auf Dauer nicht aufhalten lassen würde, war wohl allen Beteiligten klar. So hatte Pintsch schon 1890 sein Zweigwerk in Fürstenwalde um eine Glühlampenfabrik erweitert. Auch Auer beschäftigte sich mit der Verbesserung der elektrischen Glühlampe. 1898 ließ er sich die erste brauchbare Metallfadenlampe patentieren, die zunächst mit Osmium, später mit Wolfram hergestellt wurden. So saßen nun in Berlin die drei führenden deutschen Glühlampenhersteller: die AEG, Siemens & Halske und die Deutsche Gasglühlicht AG. Bereits 1911 waren Lampenformen und -typen vereinheitlicht worden. Als nach dem Ersten Weltkrieg den deutschen Herstellern die Auslandsmärkte wegbrachen, ging man noch einen Schritt weiter und gründete unter Nutzung eines von Auer angemeldeten Markennamens die gemeinsame Firma OSRAM. Zunächst betrieb man in Berlin noch eine eigene Glashütte. Später lagerte man die Kolbenproduktion nach Weißwasser in der Oberlausitz aus.

In den 1930er Jahren hielt OSRAM nicht nur in Deutschland einen Marktanteil von über 70 Prozent. Auch weltweit zählte die Firma zu den größten Glühlampenherstellern. Seit 1920 produzierte man auch Verstärkerröhren für Telefunken. 1939 wurde der Standort in Moabit komplett von Telefunken übernommen.

Berliner Laterne, 1892

Keine Falle für Nachtfalter

Auf Berliner Straßen sind noch immer zirka 44.000 Gaslaternen in Betrieb. Im Grunde hat das Gaslicht nur angenehme Eigenschaften. Es ist blendfrei, wirkt weicher, wirft keine harten Schatten und erleichtert so Sehschwachen die Wahrnehmung. Gaslaternen erzeugen kein Insekten anziehendes UV-Licht, sie werden den Tieren also nicht gefährlich wie elektrisches Licht, an dem sie millionenfach verenden. Gaslaternen haben eine weitaus längere Lebensdauer als Elektroleuchten, und es umweht sie ein Hauch von Nostalgie. Im Berliner Tiergarten gibt es ein Freiluft-Gaslaternenmuseum, in dem die schönsten Exemplare zu bewundern sind.

Auch jenseits der Beleuchtung hat die Industrie rund ums Licht ihre Spuren in der Stadt hinterlassen. So entstand 1906 bis 1912 mit dem Glühlampenwerk der Deutschen Gasglühlicht AG Berlins erstes Hochhaus. Das elfgeschossige Gebäude, das in den 1990er Jahren mit einem Glasaufsatz erweitert wurde, befindet sich in der Nähe des S-Bahnhofs Warschauer Straße und prägt noch immer die Silhouette der Stadt.

Berliner Pumpen nicht nur am Straßenrand: Die Tuba

Militärisches gehörte zum Selbstverständnis des preußischen Staates und seiner Kernprovinz Brandenburg. Es war im öffentlichen Leben überall sichtbar. Ganze Städte wurden auf dem Reißbrett rund um den Exerzierplatz entworfen. Soldaten waren nicht nur in Kasernen, sondern auch in Privathäuser einquartiert. Und „was die Militärkapellen betrifft, so müsste man es böswillig darauf abgesehen haben, nicht wenigstens einige von ihnen zu hören, da sie zu jeder Tageszeit durch die Straßen Berlins ziehen“, schrieb 1843 der französische Komponist Hector Berlioz.

Die Kapellen spielten nicht nur die beim Kriegsspiel übliche Feldmusik, sondern versuchten sich auch an anspruchsvollen Kompositionen. In manchen Kleinstädten existierten nur Militärkapellen, und so waren sie es, die Beethovens und Haydns neueste Sinfonien zu Gehör brachten. Allerdings gab es technisch bedingte Einschränkungen, was den Tonumfang und die Virtuosität betraf. Vollständige Tonleitern mit Halbtönen konnten von Blechblasinstrumenten nur mit Aufsteckbögen und Klappen oder durch das Stopfen des Schalltrichters mit der Hand gespielt werden. Beim Einsatz im Freien war es jedoch nicht immer möglich, alle Aufsteckbögen mit sich zu führen. Die Idee, die Instrumente mit Ventilen zu versehen, mit denen die Schallröhre des Blasinstrumentes verlängert oder verkürzt werden konnte, um tiefere oder höhere Töne zu erzeugen, war direkt aus der Maschinenbauindustrie, von Dampfmaschinen und den Gebläsen der Hochöfen abgeschaut. Das Patent dafür wurde 1818 an Friedrich Blühmel und Heinrich Stölzel, zwei damals in Schlesien ansässige Musiker, vergeben. Freilich wiesen diese Ventile noch einige Schwächen auf. Sie sollten beseitigt werden von zwei Wahlberlinern, deren Experimentierfeld wiederum die Militärmusik war.

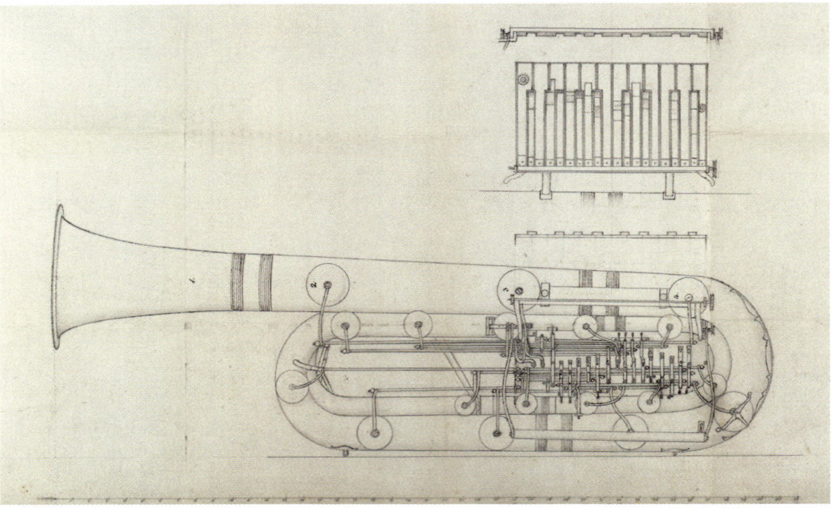

Patentzeichnung der Tuba, 1835

„War es die Rhythmik, die Melodik, die Harmonie oder die Verschmelzung dieser verschiedenen Elemente, die mich so gewaltsam erschütterte? Als ich nun diese Militair-Capelle auf ihrem Hinmarsche zur Wachtparade verfolgte und dort dieselbe im geschlossenen Kreise die Ouvertüre zu Mozarts Figaro spielen hörte, da wurde es in meinem Herzen zum festen Entschluss, mich von nun an dem Fache der Militairmusik ausschließlich zu widmen.“ So beschrieb Wilhelm Friedrich Wieprecht (1802–1872), der 1824 als 22-jähriger nach ersten beruflichen Stationen in Dresden und Leipzig nach Berlin gekommen war, sein Schlüsselerlebnis, das ihn zur Militärmusik brachte. Sechs Märsche, die er für ein Trompeterkorps der Garde-Dragoner schrieb, waren der Beginn einer großartigen Laufbahn. Am Ende war er Direktor aller Musikkapellen des Garde-Korps. Die Reformen, die er im Militärmusikwesen voranbrachte, fanden europaweit Beachtung und Nachahmer. Er änderte die Besetzungen entsprechend den jeweiligen Streitkräften, richtete Stücke neu ein und sorgte für eine moderne Instrumentation. Sein Ziel war es auch, die für die Militärmusik so unverzichtbaren Blasinstrumente einfacher handhabbar und funktionabler zu gestalten. Hierfür arbeitete er mit Johann Gottfried Moritz (1777–1840), etwa seit 1800 in Berlin und seit 1819 königlicher Hofinstrumentenmacher, und dessen Sohn Carl Wilhelm (1810–1855) zusammen. Gemeinsam entwickelten sie die sogenannten Berliner Pumpen, Ventile, mit denen die Spielbarkeit herkömmlicher Instrumente maßgeblich verbessert wurde. Und auch ein ganz neues Instrument wurde entworfen: die Tuba. Von dem schon im antiken Rom bekannten Instrument gleichen Namens, einer geraden, langgestreckten Röhre mit schmalem Schallbecher, hatte diese Tuba nur den Namen. Das neue Instrument hatte eine Rohrlänge von 3,5 bis vier Meter, einschließlich der fünf Ventile sogar sechs Meter. Entsprechend groß waren die technischen Schwierigkeiten bei der Herstellung. So waren zum Formen des Metallrohres zweieinhalb Zentner Blei nötig, die vor dem Biegen in die Rohre gefüllt wurden, damit diese ihren Querschnitt behielten. 1835 meldeten Wieprecht und Moritz eine Basstuba in F mit fünf Ventilen zum Patent an. Das tiefste aller gängigen Blechblasinstrumente war geboren und kam bald nicht nur in Militärkapellen zum Einsatz. Inzwischen gibt es andere Ventile, und so mancher Verfechter einer historischen Aufführungspraxis mit Naturtönen lehnt diese ganz ab. Die Tuba aber ist aus keinem Opern- und Sinfonieorchester mehr wegzudenken.

Der Zapfenstreich

Als im Mai 1838 der russische Zar Nikolaus I. in der preußischen Hauptstadt zu Besuch weilte, stellte Wieprecht ein Riesenorchester mit weit über 1.000 Musikern aus allen Berliner Musikkorps zusammen. In einem „Monstre-Konzert" wurde erstmals der seither zu besonderen militärischen Anlässen aufgeführte Große Zapfenstreich präsentiert. Der Zapfenstreich ist ein militärisches Zeremoniell recht profanen Ursprungs. Es geht darauf zurück, dass zu Zeiten des Dreißigjährigen Krieges der Quartiermeister am Ende eines Tages und als Zeichen für den Ausschankschluss mit einem Stab über die Zapfhähne der Weinfässer strich, worauf sich die Landsknechte umgehend ins Quartier begeben mussten. Wieprecht stellte den Großen Zapfenstreich aus verschiedenen traditionellen Elementen, Signalen von Bläsern und Trommlern und einem Marsch, zusammen. Diese ergänzte er mit einem „Gebet". Aus doppeltem Anlass wählte er ein russisches Vorbild, das Kirchenlied „Ich bete an die Macht der Liebe" von Dimitrij Bortnjanskij. Dies ehrte nicht nur den besonderen Gast der Uraufführung, sondern erinnerte daran, dass Friedrich Wilhelm III. während der Befreiungskriege nach der Schlacht von Großgörschen 1813 erstmals erlebt hatte, wie russische Soldaten beim Zapfenstreich beteten, und, ergriffen von diesem Moment, auch für die preußische Armee ein solches Gebet angeordnet hatte. Wieprechts musikalisches Grundkonzept hat sich bis in die Gegenwart erhalten. Zum Abschluss des Zeremoniells wird seit den 1920er Jahren die Nationalhymne gespielt.

Stein auf Stein: Der Ringofen

Auf dem Dorotheenstädtischen Friedhof in Berlin-Mitte fällt zwischen den Gräbern berühmter Menschen eine imposante Familiengrabstätte auf, die der Mann, der in ihr ruht, selbst entworfen hat. Die Ziegel und farbigen Terrakotten stammen aus seiner eigenen Ziegelei und aus einem Brennofen, den er selber entwickelt hat. Die Rede ist von Friedrich Eduard Hoffmann (1818–1900), der 1858 den sogenannten Ringofen zum Patent anmeldete.

Lehmziegel sind der älteste von Menschen geschaffene Baustoff. Ein Beispiel für die kunstvolle Ziegeleiarchitektur Mesopotamiens ist im Berliner Pergamonmuseum zu bewundern: das 2.500 Jahre alte prachtvolle Ischtar-Tor aus farbig glasierten Ziegeln, ein Teil der Stadtmauer von Babylon. Die Herstellung der Ziegel blieb über Jahrtausende hin gleich: Von Hand gestrichen, wurden sie in periodisch brennenden Öfen gebrannt. Erst im 19. Jahrhundert sollte sich das ändern. Der Bedarf an Baumaterialien gerade in den großen Städten hatte immens zugenommen. In Berlin belieferten weit über 1.000 Ziegeleien vor allem aus dem westlichen Umland, aber auch eine Vielzahl temporärer Ziegeleien direkt in der Stadt die Baustellen. Maschinen übernahmen jetzt die Ziegelformung, der Abtransport erfolgte über Schienen. Eine Reihe von Tüftlern machte sich daran, auch den Brennprozess zu rationalisieren. Denn noch immer musste bei jedem Produktionsvorgang eine „Ofenreise", also ein Brennvorgang mit Erhitzen, Brennen und Abkühlen, komplett abgeschlossen werden. Das kostete Zeit und Energie.

Die Idee des Berliner Baumeisters Hoffmann war einfach, aber genial: Er ordnete eine Reihe von Brennkammern im Kreis an. Durch diese ließ er das Feuer hindurchwandern. War der Brennvorgang in einer Kammer abgeschlossen, wurde die nächste mit Brennstoff beschickt. Durch geschickt angelegte Luftkanäle erwärmten die gerade gebrannten Ziegel die Zuluft für das Feuer, trockneten und wärmten die noch ungebrannten Rohlinge vor. Gegenüber der beheizten befanden sich die jeweils kühlsten Kammern. Hier konnten die fertigen Ziegel entnommen und neue Rohlinge aufgefüllt werden. Das Feuer benötigte ein bis zwei Wochen, um die zehn bis 16 Kammern zu durchwandern. Jetzt endlich war kontinuierliche Arbeit mit wesentlich weniger Energiezufuhr und mit gleichbleibender Qualität möglich.

Der Ofen, an dem in der Folge noch einige Verbesserungen vorgenommen wurden und dessen Form zum Oval abgewandelt wurde, revolutionierte die Ziegelherstellung grundlegend. In weniger als 15 Jahren erbaute Hoff-

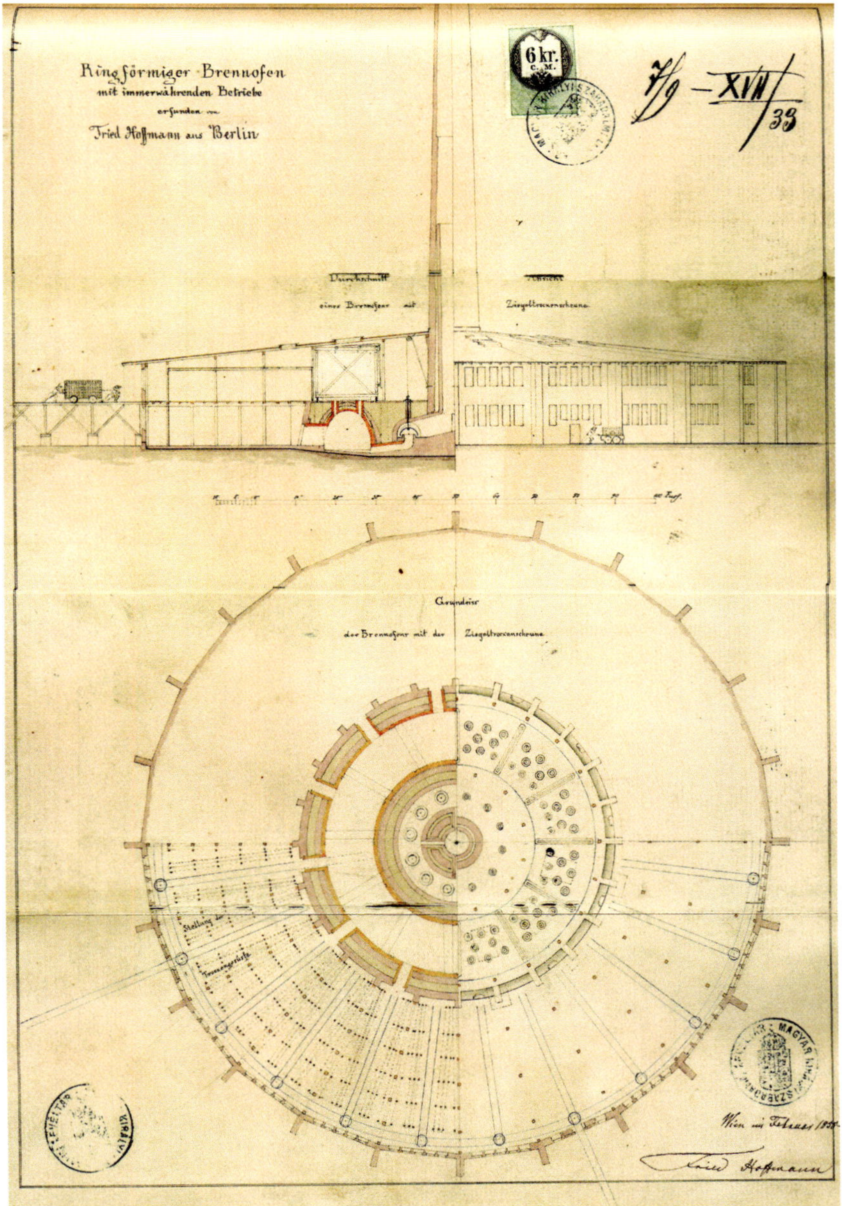

Patentzeichnung des Hoffmannschen Ringofens, 1858

mann, der für ca. 30 Staaten das Patent darauf hatte, mit seinem ziegeltechnischen Planungsbüro um die 1.000 Ringöfen. Ihre wirtschaftliche Bedeutung lässt sich an der Vielzahl von Preisen ablesen, die Hoffmann in Berlin, London, Paris, Chicago erhielt – aber auch daran, dass es bald Patentrechtsstreitigkeiten gab, in dem ein Berliner Konkurrent nicht zu Unrecht auf die verschiedenen Vorläufer des Hoffmannschen Ofens hinwies. Im Ergebnis entzog Österreich Hoffmann das Patent kurzzeitig, und prompt brachte sein Widersacher seinerseits einen eigenen, sich nur unwesentlich unterscheidenden Ringofen auf den Markt.

Wie auch immer: Das Hoffmannsche Prinzip der Ziegelherstellung hielt sich fast ein Jahrhundert. Das letzte Patent auf eine technische Verbesserung wurde 1951 angemeldet. Erst ab Mitte der 1950er Jahre wurden die Ringöfen durch sogenannte Tunnelöfen abgelöst, in denen nicht mehr das Feuer, sondern das Brenngut wandert.

Im Märkischen Ziegeleimuseum Glindow befinden sich die einzigen in Europa noch originalgetreu erhaltenen, kreisrunden Ringöfen, wie sie in

Ringofenanlage in Glindow heute

der Hoffmannschen Patentschrift dargestellt sind. Verbunden sind sie, abweichend vom Prototyp, mit einem gemeinsamen Schornstein. Einer von ihnen wird noch immer für die Herstellung von Ziegeln, die vor allem in der Denkmalpflege Verwendung finden, genutzt.

Friedrich Eduard Hoffmann

Die Vielfalt der wirtschaftlichen Aktivitäten Hoffmanns ist enorm. Neben seinen Ziegeleien und Baustoffwerken besaß er in der Lausitz eine eigene Brikettfabrik, die seine Werke mit Brennstoffen versorgte. Er war finanziell an einer Dachpappen- und Asphaltfabrik in Eberswalde beteiligt, betrieb aber auch Kaffee- und Tabakanbau in Deutsch-Ostafrika. Daneben gründete er eine Reihe von Vereinen für die Baubranche, Fachzeitschriften und eine Zieglerschule. Außerdem regte er die Gründung einer Königlichen Prüfanstalt für Baumaterialien an, die 1870 bis 1875 entstand und noch heute in Form der Bundesanstalt für Materialprüfung existiert. Bei all dem leiteten ihn nicht nur wirtschaftliche, sondern auch soziale Interessen. So war er, nachdem er für seine eigenen Angestellten schon lange vorher eine Kranken- und Unterstützungskasse eingerichtet hatte, maßgeblich an der Gründung einer Ziegelei-Berufsgenossenschaft beteiligt.

Seine Brüder übrigens waren ebenfalls im Baugewerbe tätig, der eine, Eduard Hermann „Scheunen-Hoffmann", hat sich um die Errichtung feuerfester Scheunen verdient gemacht, der andere, Carl Wilhelm, war der Baumeister des Neuen Museums in Berlin. Beide dürften Ziegel aus der Produktion ihres Bruders verwendet haben.

Gegen die „Hautkrankheiten der Städte": Die Litfaßsäule

Als die Berliner am Morgen des 1. Juli 1855 auf die Straßen traten, trauten sie ihren Augen nicht: Nirgendwo klebte mehr ein Rest der Plakate, Werbezettel und Bekanntmachungen, die vorher Häuser, Zäune und sogar Bäume verunstaltet hatten, zum großen Teil schon unaktuell und zerrissen, aber von niemandem entfernt. Dafür prangten nun ordentlich beklebte 100 Säulen und 50 Pumpenumhüllungen in der Stadt. Der Auslöser dieser Aktion war ein gewisser Ernst Litfaß (1816–1874),

A. Müller-Schönhausen: Die Friedensdepesche, 1871

seines Zeichens Buchhändler, Verleger und Druckereibesitzer. Dieser hatte dem Berliner Polizeipräsidenten Karl Ludwig Friedrich von Hinckeldey einen Vorschlag gemacht, wie die unkontrollierte und unschöne

„Anschlagwut“ beseitigt werden könnte: Auf die Regulierungswut des preußischen Staates setzend, hatte er angeregt, dass „wilde“ Anschläge künftig verboten werden sollten und Plakate nur auf dafür vorgesehene Säulen geklebt werden dürften, die leichter zu überwachen seien. Der Gedanke hatte Anklang gefunden und Litfaß die Konzession zum Aufstellen von 180 Anschlagsäulen erhalten, von denen 50 als Umhüllungen für Straßenpumpen und 30 als Bedürfnisanstalten zu gestalten waren.

Eine Polizeiverordnung vom 18. Juni 1855 regelte alle Belange rund um die Plakatierung. So wurde Werbekunden zugesichert, dass ihre Plakate für die gesamte gemietete Zeit ohne Überklebungen zu sehen sein würden. Gleichzeitig war nun von staatlicher Seite eine vorherige Zensur der Anschläge möglich.

Am 1. Juli war es soweit: Die erwähnten 150 Werbeflächen wurden in Berlin freigegeben und Litfaß mit einer von Béla Keler eigens komponierten „Anoncier-Polka“ begrüßt. Was fehlte, waren die verabredeten 30 Bedürfnisanstalten, von deren Errichtung Litfaß aus Kostengründen Abstand genommen hatte. Daraus ergab sich ein Rechtsstreit mit dem Magistrat, der darin endete, dass nach Litfaß‘ Tod im Jahr 1876 alle von ihm betriebenen Säulen abgerissen, vom Magistrat aber sofort ersetzt und neu verpachtet wurden. Trotz allem: Litfaß war als „Säulenheiliger“ zur Berliner Berühmtheit avanciert. Seine Erfindung hat trotz vielfältiger anderer Werbemöglichkeiten bis heute Bestand. In Deutschland existieren noch immer über 50.000 Litfaßsäulen.

Aus einer zeitgenössischen Berliner Zeitung:

„Mit dem 1. Juli ist der Residenz hinsichtlich ihres Plakatwesens eine neue Verbesserung zu Theil geworden. Noch um 10 Uhr des letzten Juniabends verunzierte das alte Anschlagsystem Brunnen, Bäume und Straßenecken, und um vier Uhr des anderen Tages war auch jede Spur davon verschwunden. Es hatte große Mühe verursacht, die fast versteinerten Überreste (...) in einer Nacht zu beseitigen, und waren beispielsweise 150 Mann nur mit dem Reinigen der Bäume Unter den Linden beschäftigt gewesen.“

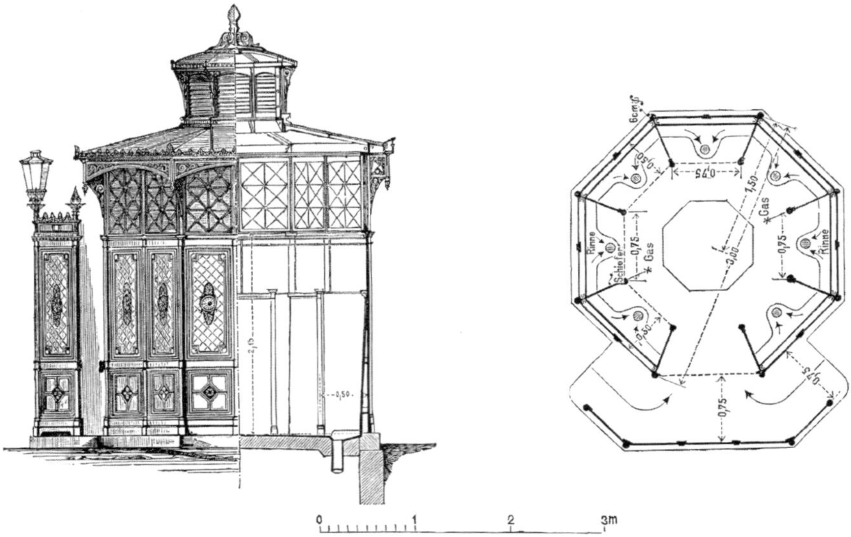

Aufriss und Grundrisszeichnung des „Café Achteck“

Letzte Rettung: „Café Achteck“

Mitte des 19. Jahrhunderts stank es in Berlins Straßen zum Himmel. Die Verstädterung Berlins schritt rasant voran, vor allem arbeitssuchende junge Männer vom Land drängten in die Stadt und verrichteten ihre Notdurft, wie von Feld und Flur gewohnt, an Ort und Stelle. Obwohl dies eigentlich laut königlichem Befehl verboten war, wurde der Inhalt von Nachteimern und Urintonnen in die Spree geschüttet.

Doch allmählich nahm das Wissen über die Zusammenhänge von Gesundheit und Hygiene zu, und die Vorstellungen von Reinlichkeit änderten sich. Menschliche Exkremente sollten aus dem Straßenbild verschwinden. Die Polizei befürwortete öffentliche Bedürfnisanstalten, war jedoch nur für Einhaltung der Ordnung auf der Straße verantwortlich. Bauliche Maßnahmen hingegen lagen in der Zuständigkeit des Magistrats, und dieser lehnte die Aufstellung von Pissoirs auf den Straßen aus Kostengründen ab. Mit dem Vorschlag von Ernst Litfaß, säulenförmige Umhüllungen für Straßenpumpen und Urinale aufzustellen und als Werbeträger zu betreiben, schien eine Lösung des Problems zum Greifen nahe. Doch wie schon erwähnt, drückte sich Litfaß, ebenfalls aus finanziellen Überlegungen, um die Aufstellung von Pissoirs, und so dauerte es noch bis 1863, bis die ersten zwei öffentlichen Bedürfnisanstalten gebaut wurden. Gestritten wurde jedoch weiter, nämlich über die Gestaltung der Häuschen und über ihre Standorte, wollte sie doch niemand in seiner unmittelbaren Nachbarschaft haben.

Bedürfnisanstalten entstanden zwar zu dieser Zeit vielerorts, aber nur Berlin brachte die typische Achteckform hervor. Die Architekten griffen auf den in Berlin immer leistungsfähiger werdenden Eisenguss zurück. Die entscheidende Idee, acht Wandelemente gleichwinklig aneinander zu stellen, so dass sie einen achteckigen Grundriss ergeben, hatte Stadtbaurat Carl Theodor Rospatt (1831–1901). Ab 1878 wurden die kleinen grünen und liebevoll gestalteten Pinkelanstalten aufgestellt. 1920 standen 142 von ihnen im Raum Groß-Berlin. Sie waren nur für Männer zugänglich. Die ersten Frauenaborte wurden, wie 1874 im Roten Rathaus, in öffentliche Gebäude integriert. Erst nach langem Ringen wurden ab 1879 Häuschen für beide Geschlechter geplant. Eine dieser ersten erweiterten Anlagen stand auf dem Gendarmenmarkt.

„Café Achteck" heute

Die große Zeit des „Café Achteck" war mit dem Beginn des 20. Jahrhunderts vorbei. Es entstanden nun Toiletten in massiver Bauweise. Diese wurden oft in Geschäfts- oder Verkehrszentren eingegliedert. Um die gusseisernen Häuschen kümmerte sich niemand. Ohne Bedenken wurden sie vielfach abgerissen und zu Schrott erklärt. Erst spät erwachte ein Gefühl für ihre altertümliche Ästhetik. Die letzten verbliebenen wurden inzwischen restauriert, um sie mit ihrer ursprünglichen Funktion wieder der „notleidenden" Öffentlichkeit zurückzugeben. An der grünen Farbe, die auch für Pumpen und Litfaßsäulen verwendet wurde, können wir die heute Stadtmöbel genannten Zeugen vergangener Zeiten erkennen. Die Restaurierung eines der historischen Toilettenhäuschen kostet übrigens über 100.000 Euro.

Berliner Spottvers zum Streit zwischen Polizei und Magistrat, um 1850:

„Ach lieber Vater Hinckeldey
mach uns für unsre Pinkelei
doch bitte einen Winkel frei!"

Erfindung mit Hand und Fuß: Die bewegliche Prothese

Noch bis Mitte des 19. Jahrhunderts hatten Amputationen von Gliedmaßen, etwa nach Kriegsverletzungen oder Arbeitsunfällen, sehr häufig den Tod der Patienten zur Folge. Ober- oder Unterschenkelamputationen überlebte wegen des hohen Blutverlusts, wegen der Schmerzen und der Infektionsgefahr nur etwa ein Drittel von ihnen. Wenn aber die Operation erfolgreich überstanden war, war der Betroffene ein Krüppel, wie es brutal hieß, und damit in den Möglichkeiten, seinen Unterhalt zu verdienen und am Leben teilzuhaben, extrem eingeschränkt. Viele Amputierte wurden zu Bettlern. Inzwischen gibt es Hightech-Beinprothesen, mit denen sogar sportliche Höchstleistungen möglich sind. Vom „Stelzfuß von Capua", der ältesten gefundenen Beinprothese von etwa 300 v. Chr., zu diesen technischen Wunderwerken war es im wahrsten Sinne des Wortes ein weiter Weg.

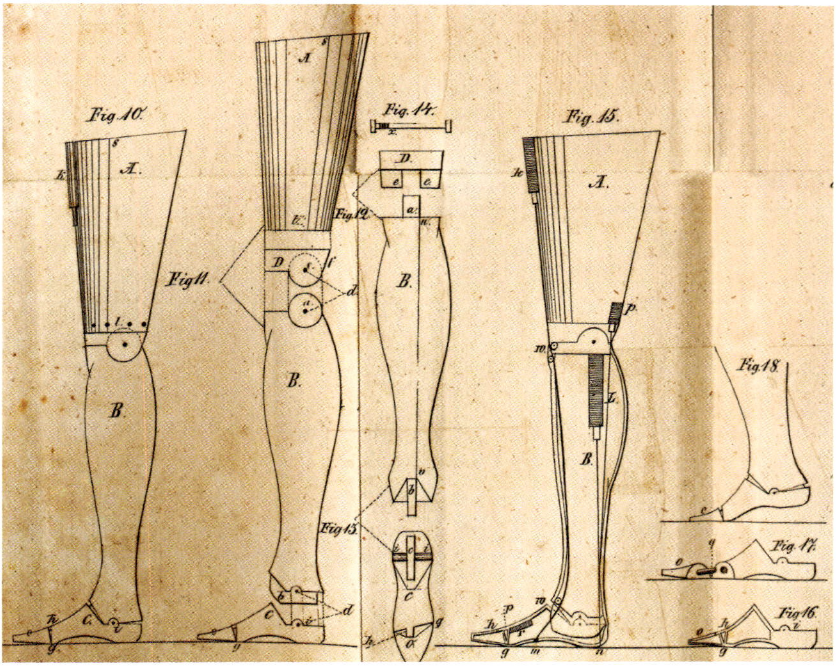

Funktionszeichnung der Beinprothese nach Caroline Eichler

Einen damals vielgelobten Meilenstein auf diesem Wege hat eine junge Berlinerin gesetzt. Die Bandagistin Margarethe Caroline Eichler (1808 oder 1809–1843) erhielt am 23. November 1833 ein Patent auf die Entwicklung „eines neuerfundenen künstlichen Fusses zum Ersatze des Ober- und Unterschenkels". In einer Broschüre, 1834 „auf Kosten der Herausgeberin" produziert, gab sie Auskunft über ihre Prothesen. Das waren keine unbeweglichen Stelzfüße mehr, sondern mit Gelenken versehene, also bewegliche, dem Bein auch in seiner Form nachempfundene hölzerne Gliedmaßen.

Johann Friedrich Dieffenbach, einer der Wegbereiter der plastischen Chirurgie und damals Professor an der Berliner Universität, war Mitglied der wissenschaftlichen Deputation für das Medizinalwesen, die Eichlers Produkte zu begutachten hatte. Er äußerte sich euphorisch, dass diese „zu den vorzüglichsten Arbeiten gehören, die mir in dieser Art zu Gesicht gekommen sind. Natürliche Gestalt und ungemeine Leichtigkeit machten diese künstlichen Füsse ungemein empfehlenswerth." Eichler erhielt daraufhin für zehn Jahre die ausschließlichen Rechte zu Produktion und Verkauf. Drei Jahre später hatte sie auch eine künstliche Hand sowie eine Oberarmprothese entwickelt. Diese frühen Modelle von Eigenkraftprothesen nutzten die im amputierten Arm noch vorhandenen Muskelkräfte zur bewussten Bewegung der künstlichen Gliedmaßen. Hatten Männer bereits Hände konstruiert, mit denen sich Karten spielen oder ein Degen halten ließ, konnte man bzw. Frau mit der Eichlerschen Hand Zöpfe flechten, nähen, Gitarre spielen. Um auch schwere Gegenstände halten zu können, waren die Finger mit zusätzlichen Sperrriegeln versehen. Bei der Oberarmprothese konnte durch einen speziellen Schulterzug erstmalig auch das Ellenbogengelenk gebeugt werden.

Als „Verfertigerin künstlicher Füße und Hände" hatte Eichler fortan ein gutes Auskommen. An diesem wollte auch ihr Mann, der Mechaniker Friedrich Eduard Carl Krause, gern teilhaben. Auch nachdem sich Eichler von dem gewalttätigen und trunksüchtigen Gatten getrennt hatte, ging er sie regelmäßig um Geld an. Am 6. September 1843 erstach er sie im Streit.

Leuchten in den Augen der Katzen: Der Augenspiegel

Hermann Ludwig Ferdinand von Helmholtz

Auf die Idee zu seiner, wie er später selbst sagte, wohl populärsten wissenschaftlichen Leistung wurde Hermann Helmholtz (1821–1894) von einem Freund gebracht. 1847 hatte Ernst Brücke das Leuchten der Augen von Katzen, Eulen und anderen Tieren nicht als deren Eigenleuchten, sondern richtig als reflektiertes Licht gedeutet. Damit war Brücke, wie Helmholtz es später schilderte, mit seinen Überlegungen selbst nur eine Haaresbreite von der Erfindung des Augenspiegels entfernt. Nur die richtige Frage zu stellen versäumte er: Welcher optischen Quelle gehören die aus dem leuchtenden Auge zurückkommenden Strahlen an, und wie können die Bilder vom Augenhintergrund durch Lichtstrahlen wahrnehmbar gemacht werden?

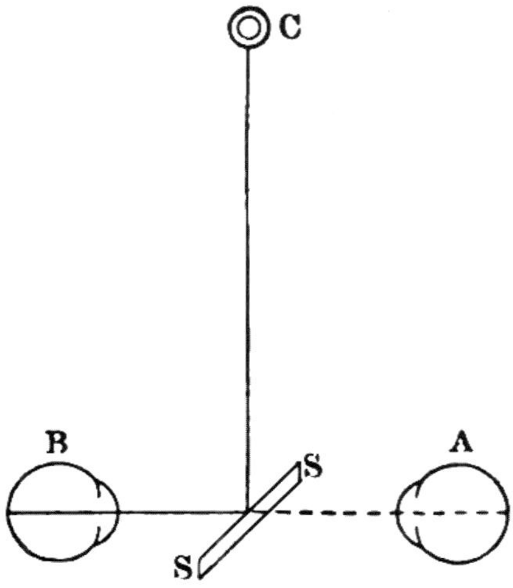

Physikalisches Grundprinzip des Augenspiegels

Folgendes Problem musste gelöst werden: Der Beobachter befindet sich zwischen der Lichtquelle und dem zu untersuchenden Auge oder die Lichtquelle liegt zwischen dem Beobachter und dem zu untersuchendem Auge. In beiden Fällen ist die Beobachtung nicht möglich. Es kostete Helmholtz, damals Professor an der Universität Königsberg, eine Woche Experimentieren, dann hatte er die Lösung gefunden. In einem Schreiben an die Physikalische Gesellschaft Berlin präsentierte er eine Apparatur mit einem schräg gestellten halbdurchlässigen Spiegel, über den das Licht in das Auge des Patienten geleitet wurde, während der Untersuchende, der sich nun nicht mehr im Strahlengang des reflektierten Lichtes befand, durch einen Spalt im Spiegel die Netzhaut des Patienten begutachten konnte.

Seinem Vater schrieb er: Die Idee „lag eigentlich auf der Hand, erforderte weiter keine Kenntnisse, als was ich auf dem Gymnasium von Optik gelernt hatte, dass es mir jetzt lächerlich vorkommt, wie andere Leute und ich selbst so vernagelt sein konnten, sie nicht zu finden". Und auch Brückes Reaktion auf Helmholtz' Erfindung spricht Bände: „Die größte Dummheit meines Lebens war, dass ich den Augenspiegel nicht erfunden habe."

Der Augenspiegel stellte eine bahnbrechende Erfindung für die Augenheilkunde und eine einfache Untersuchungsmethode für den Augenarzt dar. Die Diagnostik verfügt heutzutage zwar über hochmoderne Geräte und Methoden, doch der Augenspiegel ist nach wie vor als relativ einfaches Untersuchungsgerät der Praxis erhalten geblieben. Er erlaubt, die krankhaften Veränderungen der einsehbaren Teile des Patientenauges zu betrachten und zu beurteilen. Insbesondere die Netzhaut und die sie versorgenden Blutgefäße können damit geprüft und Glaskörper sowie Linse des Auges begutachtet werden.

Doch nicht jeder Kollege war gleich begeistert. Anfangs fürchtete man Schädigungen des ohnehin kranken Auges durch das einfallende Licht. Dann aber erbat sich der Berliner Augenarzt und spätere Charité-Ordinarius Albrecht von Graefe einige Augenspiegel von Helmholtz, „die genau nach Ihren Angaben" gefertigt sein sollten, um sie als augenärztlicher Fachmann zu erproben. Das Ergebnis überzeugte. Im folgenden nahm Graefe selbst ständige Verbesserungen an dem Gerät vor und trug so maßgeblich zur Begründung der wissenschaftlichen Augenheilkunde bei.

Der Universalwissenschaftler Helmholtz

Hermann von Helmholtz, am 31. August 1821 in Potsdam geboren, war ein wissenschaftliches Allroundgenie. Er forschte und publizierte grenzübergreifend in den Disziplinen Medizin, Physiologie und Physik. Schon in der Zeit am Gymnasium galt sein vorrangiges Interesse der Physik und Mathematik. Mit selbstgebauten optischen Apparaturen studierte er unter anderem den Durchgang der Lichtstrahlen. Aus dem Wunschstudium der Physik wurde jedoch nichts. Das bescheidene Einkommen seines Vaters ließ ihm nur die Möglichkeit, ein kostenloses Medizinstudium am Friedrich-Wilhelm-Institut aufzunehmen, das die Verpflichtung beinhaltete, einen anschließenden achtjährigen Dienst als Militärarzt abzuleisten. Ab 1843 diente er in Potsdam. Auf Empfehlung Alexander von Humboldts wurde er 1848 vorzeitig aus dem Militärdienst entlassen und unterrichtete Anatomie an der Berliner Kunstakademie. Professuren in Königsberg und Heidelberg folgten, bis er 1871 als Professor für Physik nach Berlin und an die dortige Universität zurückkehrte. 1870 wurde er zum Mitglied der Preußischen Akademie der Wissenschaften ernannt und 1888 der erste Präsident der neu gegründeten Physikalisch-Technischen Reichsanstalt in Charlottenburg.

1883 wurde Helmholtz durch Kaiser Wilhelm I. der erbliche Adelstitel verliehen. Am 8. September 1894 erlag er den Folgen eines Schlaganfalls. Unter den Trauergästen seiner Beerdigung auf dem Friedhof in Wannsee waren auch Kaiser Wilhelm II., die Kaiserin Auguste Viktoria und die Kaisermutter Victoria.

Gut behütet: Der Filzhut aus Schafwolle

Als der aus Forst stammende Hutmacher Carl Gottlob Wilke (1796–1875) 1822 nach Guben kam, fand er beste Bedingungen für sein Gewerbe vor. Die dortige Textilindustrie, deren Ursprünge bis in das Mittelalter zurückreichten, verfügte über Facharbeiter, die mit Tierhaaren und Wolle umzugehen verstanden. Die Neiße führte das für diese Arbeit notwendige weiche Wasser. Zunächst fertigte Wilke seine Filzhüte auf ganz herkömmliche Weise aus Hasenhaar. Dann aber gelang ihm die Entwicklung eines Verfahrens zur Produktion wetterdichter Filzhüte aus ungleich preiswerterer Schafwolle. Der Trick bestand darin, die Hutstumpen, also die Rohlinge mit Wasser zu bedampfen und damit formstabiler zu machen, eine Technik, die Wilke sich aus der Textilindustrie abgeguckt hatte. 1852 erhielt er für seine Druckluftkammer das Patent.

Durch das neue Ausgangsmaterial, aber auch die Einführung verschiedener Maschinen, die die über 50 Arbeitsgänge beim Herstellen eines Hutes erleichterten, war nun eine serienmäßige und günstige Produktion möglich. In den nächsten Jahrzehnten entwickelte sich Guben zu einer

Garnitursaal im VEB Vereinigte Hutwerke Guben, um 1980

Hochburg der Hutherstellung. In den 1920er Jahren gab es über 20 Fabriken, in denen Hüte, Stoffe und Formen, aber auch Hutmaschinen gefertigt wurden. Jährlich entstanden hier rund 10 Millionen Hüte, zwei Drittel der Hutproduktion in Deutschland. Und auch der Export florierte. Bereits 1870 ging ein Drittel der Produktion in die USA. Für das Osmanische Reich, Griechenland und Afrika wurden seit 1913 sogar orientalische Kopfbedeckungen, sogenannte Feze hergestellt. Noch 1961 produzierte man 30.000 dieser roten Filzkappen pro Jahr.

Als im Ersten Weltkrieg der Absatz modischer Hüte einbrach, versuchte man sich an einer Art Filzhelm für Soldaten. Im Zweiten Weltkrieg wurden Gasmasken und Uniformen hergestellt, die Maschinenfabrik baute Funkgeräte. Nach 1945 waren die Gubener Betriebe von Demontagen und Reparationsleistungen betroffen. Als VEB Vereinigte Hutwerke Guben produzierten sie weiter. Trotzdem Hüte in der Alltagsmode eine immer geringere Rolle spielten, waren es 1989 noch 1,2 Millionen Stumpen und 800.000 Filzhüte, mit denen die Bevölkerung in der DDR, aber auch in den befreundeten „Bruderländern" Osteuropas versorgt wurde. Erst die Wende brachte das endgültige Aus für die Hutproduktion in Guben.

Vigu

Der Vigu

Der Vigu-Hut ist eine ganz spezielle DDR-Erfindung. 1962 ersannen zwei Mitarbeiter des VEB Vereinigte Hutwerke Guben einen Plastehut, der quasi als Ersatz für den Strohhut dienen sollte. Sie machten es sich zunutze, dass Polyvinylchlorid (PVC) sich bei Hitze nicht nur verformt, sondern auch schrumpft. Also spannten sie PVC-Gewebe über eine Hutform, setzten dieses der Hitze aus, und schon war er fast fertig – der Vigu. Die Wortschöpfung aus Vinylchlorid und Guben war ungefähr so schick wie das Produkt, das sie bezeichnete. Immerhin wurden 1989 noch 500.000 Vigu-Hüte, unverwüstlich und wasserbeständig, produziert.

Eberswalder Notgeld, 1921

Gebäck auf Reisen: Der Spritzkuchen

Wer sich einmal mit der Herstellung von Brandteig beschäftigt hat, wird es bestätigen: Schon das Rezept klingt nach komplizierter Arbeit und nach einem Produkt, das nicht immer gelingen muss. Das hatte offensichtlich auch der 25-jährige Konditor und Lebküchler Gustav Louis Zietemann (1807–1880) erfahren und an einer Lösung für dieses Problem getüftelt. Als reisender Geselle war er im Winter 1832 aus Berlin nach Eberswalde gekommen und hatte die Genehmigung erhalten, sich als Konditor niederzulassen. Am 1. April eröffnete er seine Konditorei am Markt mit einem neuen Gebäck, dem Spritzkuchen. Dieser bestand aus dem problematischen Brandteig, der allerdings sehr viel besser gelang und ungleich lockerer wurde, wenn man die Teigkringel zunächst auf Papier aufspritzte und dann nicht im Ofen, sondern in heißem Fett schwimmend ausbuk. Der Erfolg in Eberswalde war Zietemanns Erfindung gewiss.

„Barnie"-Regionalgeld, 2004

Aber es ging noch weiter: Nach Inbetriebnahme der Bahnlinie Berlin–Stettin im Jahre 1842 verkaufte Zietemann seine Leckereien auf dem Fernbahnsteig, wo er übrigens noch bis in die 1960er Jahre angeboten wurde. So kam es, dass der Eberswalder Spritzkuchen auch in Berlin bald in aller Munde war. Die Eberswalder schätzten dieses Gebäck sogar so sehr, dass sie es 1921 auf zwei Scheine des während der Inflation eingeführten örtlichen Notgeldes setzten: Sah man auf der Vorderseite des 25- bzw. 50-Pfennig-Scheins Gesundbrunnen und Stadtwappen, zierte die Rückseite der Eberswalder Spritzkuchen!

Nachdem die Konditorei im Zweiten Weltkrieg ausgebombt worden war, gab die Familie das Geschäft auf. Die Eberswalder jedoch blieben dem Spritzkuchen treu. Auf dem „Barni", dem regionalen Tauschgeld, das seit 2004 in Umlauf ist, wurde der Spritzkuchen verewigt. Und seit 2007 erinnert eine lebensgroße Skulptur auf dem Eberswalder Bahnhof an den Spritzkuchenburschen Gustav.

Der Berliner Pfannkuchen

Als der Spritzkuchen nach Berlin kam, war ein anderes Gebäck bereits da: der Berliner, der hier allerdings Pfannkuchen heißt. Eine eher unwahrscheinlich, aber hübsch klingende Legende besagt, dass er 1756 von einem Berliner Bäckerjungen erfunden wurde, der gern als Kanonier unter König Friedrich II. dienen wollte, sich jedoch als wehruntauglich erwies. Zum Dank dafür, dass er als Feldbäcker beim Regiment bleiben durfte, formte er aus kleinen Hefeteigstücken runde „Kanonenkugeln", die er dann in heißem Fett ausbuk.

Willkommen in der Wegwerfgesellschaft: Der Pappteller

Noch Mitte des 19. Jahrhunderts war Papier ein wertvolles Material, das man so oft wie möglich wiederverwendete. Frische Nahrungsmittel wickelten die Händler in alte Briefe, Zeitungspapier und anderes mehr. In Anspielung an diese Praxis klagte Heinrich Heine einmal: „ach! mein ‚Buch der Lieder' wird der Krautkrämer zu Tüten verwenden, um Kaffee oder Schnupftabak darin zu schütten für die alten Weiber der Zukunft –".

Pappteller, um 1910

Das eigentliche Problem bei dieser Verpackung war jedoch die mangelnde Hygiene. So blieb es beispielsweise nicht aus, dass Druckerschwärze auf die Lebensmittel abfärbte. Die sich wandelnde Verkaufskultur mit ihren immer vielfältiger werdenden Produkten und gehobeneren Einkaufsstätten verlangte nach angemessener Verpackung.

Angeregt durch eine medizinische Abhandlung über die Risiken des Zeitungspapiers als Verpackungsmaterial, machte sich der Luckenwalder Buchbinder Hermann Henschel (1843–1918) daran, nach hygienischeren Verpackungen zu suchen. Dabei experimentierte er in seiner Buchbinderwerkstatt auch mit Kartonmaterial, das es noch nicht lange auf dem Markt gab. Mit seiner Werkstattpresse presste und prägte er in einer Messingform Pappteller, die sich hervorragend als Unterlage für Lebensmittel eigneten. Bäcker und Konditoren verwenden sie noch heute beim Verkauf von Kuchen und Torten.

Mit einem Darlehn seines Vaters gründete der erst 23-jährige 1867 die Papierwarenfabrik Hermann Henschel und konstruierte eine Maschine, die die Massenproduktion von Papptellern ermöglichte. Eine zweite Henschelsche Erfindung aus Pappe, der bedruckte Bierdeckel, trug dazu bei, dass der Betrieb bald florierte.

Inzwischen dienen die Pappteller längst auch als Geschirrersatz. Ob bedruckt, beschichtet, tief oder flach – von der Würstchenbude, dem Fast-Food-Restaurant und der Gartenparty sind sie nicht mehr wegzudenken.

Heinrich Zille: Gäste und Wirt in der Gaststätte, 1909

Schlittschuhe zum essen: Das Eisbein

Marlene Dietrich hatte nicht nur zeit ihres Lebens noch „Einen Koffer in Berlin“; auch ihr Lieblingsgericht ist in der Stadt kreiert worden: das Eisbein. Das gepökelte und dann gekochte Fleisch am Unterschenkelknochen des Schweins soll, zusammen mit Erbsenpüree und Sauerkraut, im 19. Jahrhundert in einer kleinen Kneipe in der Nähe des Görlitzer Bahnhofs zum ersten Mal serviert worden sein. Diese Küche „à la Berlinoise“ ist schon vom Anblick nichts für Feingeister, aber eine nahrhafte Angelegenheit und daher im frostigen Winter besonders beliebt.

Der Name Eisbein bezieht sich jedoch nicht etwa auf die kalte Jahreszeit, in der das Eisbein besonders gut schmeckt, sondern auf den Namen des Knochens darin. Möglicherweise ist es eine Herleitung vom lateinischen „ischia“, althochdeutsch „isbein“ für Hüft- oder Oberschenkelknochen. Netter erscheint jedoch die Erklärung, dass man aus den im Eisbein vorkommenden Röhrenknochen bis in die Neuzeit hinein Schlittschuhe anfertigte. Entsprechend findet sich im Schwedischen für Schlittschuhe die mundartliche Bezeichnung „isläggor“ und im Norwegischen „islegg“, worin „is“ für Eis und „legg“ bzw. „lägg“ für Bein- oder Röhrenknochen stecken. Und ist Marlene Dietrich am Ende trotz ihres kalorienreichen Leibgerichts so schlank geblieben, weil sie nach dessen Verzehr regelmäßig Schlittschuhlaufen ging?

Das Kassler

Das Kassler, ein gepökelter und geräucherter Schweinerücken, ist übrigens auch eine Berliner Erfindung und stammt nicht etwa aus der Stadt in Hessen. Kreiert hat sie der Fleischermeister Cassel in den 1880er Jahren. Doppelt haltbar gemacht, muss dieses Fleisch vor dem Verzehr nicht gegart, sondern nur erhitzt werden.

Champagner des Nordens: Die Berliner Weiße

Es waren die siegreichen Soldaten Napoleon Bonapartes, die 1806 nach den durch Preußen verlorenen Schlachten von Jena und Auerstedt Berlin besetzten und für die Weiße die Bezeichnung „Champagne du Nord“ kreierten. Wenn man bedenkt, dass die Franzosen als Feinschmecker bekannt sind und die Weiße damals noch ohne den heute üblichen Schuss Sirup getrunken wurde, kann man die Namensgebung eigentlich nur als Ironie betrachten. Freilich bedient man sich beim Gären sogenannter obergäriger Hefen (die bei höheren Temperaturen zum Einsatz kommen). Diese vergären die Gersten- und Weizenmalze zu Milchsäure, die auch bei der Champagnerherstellung eine Rolle spielt.

Der Überlieferung nach hat diese Art Bier der Brauer Cord Broihan erfunden. Viele Brauer griffen seine Erfindung auf und wandelten dabei das Rezept ab. Ein sehr frühes Urteil über die Berliner Varietät findet sich

Werbepostkarte der Berliner Weissbier-Brauerei E. Willner

im „Diaeteticon" des Berliner Arztes Johann Sigismund Elsholtz von 1682, einem Buch über Speisen vom medizinischen Standpunkt aus. Es klingt nicht sehr emphatisch, aber immerhin bescheinigt Elsholtz der Berliner Weiße, „daß man [sie] in mangel eines guten Brühans brauchen kan".

Bei der Weiße findet in den Flaschen eine Nachgärung statt. Es war üblich, das Bier nach der ersten Gärung „lose" zu kaufen und nach Geschmack mit Wasser oder Zucker zu versetzen. Nachdem sich die Hefe abgesetzt hatte, wurde in einem Verhältnis von 5:1 erneut mit „Frischbier" gemischt und dann auf Flaschen abgezogen. Wurden einige Flaschen vorsorglich vergraben, hatte man noch einige Monate später den vollen Genuss. In Wärme sollte man sie allerdings nicht lange liegen lassen, dann konnte schon mal eine Flasche explodieren.

Im 19. Jahrhundert war die Weiße in praktisch jeder Berliner Kneipe zu haben. Man genoss das mit 2,8 Prozent Alkohol vergleichsweise leichte Bier als „Weiße mit Strippe" zusammen mit Kümmel oder Korn aus bis zu zwei Liter fassenden und zum Teil unförmigen Gläsern. Ein halber Liter war eine „kleine Weiße" und kostete zehn Pfennig. Die Beimischung von Kräutern, vornehmlich Waldmeister, als Vorläufer des Sirupzusatzes wird den aus der Schweiz stammenden Brauern Josty zugeschrieben. Ganz genau ist jedoch nicht mehr zu klären, wie der süße „Schuss" in die Weiße kam.

Trinkgewohnheiten ändern sich

Wenn man weiß, dass Gustav Stresemann, Reichskanzler und Reichsaußenminister in der Zeit der Weimarer Republik, Sohn eines Bierhändlers und Kneipiers aus der Berliner Luisenstadt war, verwundert es weniger, dass er seine Dissertation 1902 der „Entwicklung des Berliner Flaschenbiergeschäfts" widmete. Darin zog er eine direkte Parallele zwischen der schnelllebigen Gründerzeit und dem prozentualen Rückgang des Weiße-Konsums. Nicht nur dass der technische Fortschritt das untergärige Brauen, also das Brauen bei niedrigen Temperaturen, unabhängig von der Jahreszeit ermöglichte: „Wie die Form der Gläser und die Natur des Bieres ein hastiges Heruntergiessen verbieten, vielmehr Ruhe und Behaglichkeit zum Geniessen des Weissbieres Vorbedingungen sind, so kann man vielleicht sagen, dass in der Eigenart dieses Bieres sich das Bild des behäbigen, bedächtigen und etwas philiströsen alten Berliner Bürgertums spiegelt." Die Arbeiter in den Fabriken und auf den Baustellen hingegen, die täglich bis zu zehn Flaschen Bier tranken, verlegten sich, da Weiße nicht aus der Flasche getrunken wird, der Einfachheit halber zunehmend auf untergäriges Lagerbier.

Berliner Bierproduktion	Weisse	untergäriges Bier
1860	370.284 hl	150.421 hl
1895	1.234.153 hl	2.379.368 hl

Heute wird die Weiße aus einer halbkugelförmigen Schale mit Stiel getrunken. Zwei Unsitten haben sich eingebürgert: Die meisten Gaststätten bieten die Weiße mit Strohhalm an, und seit einigen Jahren ist fast nur noch die bereits in der Fabrik mit Sirup versetzte „rote" oder „grüne Weiße" zu haben. Doch noch immer bietet sie eine leichte, sommerliche Erfrischung.

Forschungsverbünde und Einzelkämpfer

Mit der Gründung des Deutschen Reiches im Jahre 1871 wird in ganz Deutschland ein einheitliches Zahlungsmittel eingeführt. Die Mark löst acht Geldsysteme mit 119 verschiedenen Münzsorten wie Taler und Groschen ab und ist ein wesentlicher Baustein hin zu einem einheitlichen Wirtschaftssystem.

Um die Wende zum 20. Jahrhundert beginnt eine gewaltige Welle der Produktionskonzentration. Aus rivalisierenden Firmen bilden sich große Interessenverbände, die fortan gemeinsam agieren. In Berlin gründen sich OSRAM und Telefunken, die damals noch im Berliner Umland liegende Firma AGFA (Actien-Gesellschaft für Anilin-Fabrikation) wird Teil der Interessengemeinschaft für Farbenindustrie IG Farben. Dies befördert auch die Effizienz bei der Arbeit an Erfindungen. Überhaupt leisten sich alle größeren Institutionen Forschungseinrichtungen, in denen gezielte Entwicklungsarbeit stattfindet.

In jenen Jahren wird ein weiteres Problem gelöst: Noch bis Anfang des 20. Jahrhunderts verwendet jeder Maschinenbauer bei den einzelnen Bauteilen eigene Formate. Bis hin zur Schraube wird alles individuell gefertigt. Das erweist sich mehr und mehr als Hemmnis. In langwieriger Abstimmungsarbeit wird schließlich eine Norm für technische Teile eingeführt.

Neben all der Vereinheitlichung und Konzentration sind viele „Einzelkämpfer" am Werk, die das eine und andere äußerst nützliche Produkt erfinden. Etliches davon hat sich bis heute im Alltag bewährt. Die Brüder Lilienthal, die gegen Spott und Hohn, mit unendlicher Energie und unter Einsatz aller privaten Möglichkeiten ihren persönlichen Traum vom Fliegen verfolgen und endlich wahr machen, stehen beispielhaft für all jene, die im kleinen und großen ihre Visionen verwirklichen.

Werbeplakat für Knorr Suppenmehle, 1927

Die Mutter aller Tütensuppen: Die Erbswurst

1867 erfand der Berliner Koch und Konservenfabrikant Johann Heinrich Grüneberg (1819–1872) eine neue „Wurstsorte“, die allerdings nicht aus Fleisch bestand: Die Erbswurst hat von einer Wurst nur die Form. Sie besteht aus einem Gemisch von Erbsenmehl, Speck, Gewürzen und Salz, das in Portionstabletten gepresst und in einer Papierrolle verpackt wird. In kaltem Wasser aufgelöst und anschließend einige Minuten gekocht, entsteht daraus in kurzer Zeit eine sämige Erbsensuppe, ein preiswertes und schnell zubereitetes Gericht.

Die sparsame Hausfrau weniger begüterter Schichten wusste die „Grünebergerin“ schnell zu schätzen. Bald gehörte sie auch zur Grundausstattung etwa von Wanderern und Bergsteigern. Doch wer weiß, ob sich diese Erfindung so rasant durchgesetzt hätte, wäre nicht das preußische Militär auf sie aufmerksam geworden. Für sage und schreibe 35.000 Taler kaufte der preußische Staat Grüneberg seine Erfindung ab. In sechswöchigen Experimenten wurde festgestellt, dass Soldaten, die sich nur mit einer Diät aus Brot und Erbswurst ernährten, keinen gesundheitlichen Schaden nahmen. Dann kam das Instantgericht 1870 bei den gegen Frankreich ziehenden Truppen erstmals zum Einsatz. Auf Staatskosten entstanden Fabriken, in denen in Hochzeiten von 1.700 Arbeitern bis zu 65.000 Kilogramm Erbswurst täglich produziert wurden. Mit der haltbaren und einfach zu transportierenden Dauerkonserve wurden die Sorgen um eine dauerhafte Truppenversorgung nachhaltig gelindert. So ist es nur folgerichtig, dass Grüneberg, als er 1872 bereits kurz nach dem ersten Praxistest seines Produktes starb, mit militärischen Ehren begraben wurde.

Von 1889 an übernahmen die Brüder Knorr in Heilbronn, die in ihrer Fabrik bereits „Knorr Haferschleim“ und die „Patentsparsuppe Victoria“ herstellten, die Produktion der Instantsuppe. Bis heute wird sie unter der Marke Knorr angeboten. Eine Verfeinerung mit Fleisch oder Gemüse empfiehlt sich noch immer.

Erfindung ohne Geheimnis: Die Postkarte

Was der preußische Oberpostrat Heinrich von Stephan (1831–1897) auf der fünften Deutsch-österreichischen Postkonferenz 1865 in Karlsruhe vorschlug, war empörend: eine offene „Correspondenzkarte“ mit aufgedrucktem Postwertzeichen, sozusagen ein Brief ohne Umschlag, vom Siegel ganz zu schweigen! Wo blieb denn da das Postgeheimnis? Der Vorschlag wurde zurückgewiesen, geriet jedoch nicht ganz in Vergessenheit.

Vier Jahre später griff der Österreicher Emanuel Herrmann in einer Studie über das österreichische Postwesen die Anregung Stephans wieder auf, und nun war die Zeit für diese Erfindung gekommen: Am 1. Oktober 1869 wurde in Österreich-Ungarn die „Correspondenzkarte“ mit aufgedruckter Zwei-Kreuzer-Marke eingeführt. Schnell folgten weitere Staaten, 1870 auch der unter preußischer Führung entstandene Norddeutsche Bund, dessen Generalpostdirektor Stephan inzwischen war.

Die zunächst schmucklose Karte konnte anfangs nur im eigenen Lande verschickt werden, mit Gründung des Weltpostvereins 1874 auch über Ländergrenzen hinaus.

Berliner Postkarte, 1900

Erste Pfiffikusse brachten nachträglich Bilder auf die Karten auf, und bald wurde diese Verschönerung offiziell akzeptiert. Die ältesten Bildpostkarten waren mit einfarbigen Lithografien bedruckt. Gastwirtschaften verkauften sie als Werbung für ihr Haus. Nach 1890 kamen farbige Bildpostkarten in den Handel, und so wurde aus der Postkarte auch ein Sammlerobjekt, das Alben und manche Zimmerwand füllte.

Noch immer produziert die Deutsche Post auch die unscheinbaren Postkarten ohne Bild mit aufgedruckter Briefmarke. Der Umsatz dürfte kaum noch erheblich sein. Wie der Brief wird auch seine kleine Schwester, die Postkarte, heute durch alle möglichen anderen Formen der Informationsübermittlung mehr und mehr verdrängt. Selbst der bebilderte Gruß aus dem Urlaub kommt aus der Mode. Als Werbeträger für Produkte, Kneipen und kulturelle Veranstaltungen aber ist die Postkarte, wie schon ganz am Anfang, wieder angesagt.

Heinrich von Stephan

„Ein schlechter Kerl, der nicht denkt, General-Postmeister zu werden!“, das soll Heinrich Stephan schon als 17-jähriger Postanfänger verkündet haben. An Selbstbewusstsein hat es dem Kind einer Handwerkerfamilie aus Stolp in Pommern offenbar nicht gefehlt. Tatsächlich machte er eine steile Karriere. 1859 schrieb er „Die Geschichte der preußischen Post von ihrem Ursprung bis auf die Gegenwart“, 1863 gab er ein Lehrbuch für Postbeamte, den „Kleinen Stephan“, heraus. Ab 1870 war er Generalpostdirektor des Norddeutschen Bundes, ab 1876 Generalpostmeister, 1880 erster Staatssekretär des neu errichteten Reichspostamtes des Deutschen Reiches und schließlich ab 1885 preußischer Staatsminister. Er gliederte die Postverwaltung von Thurn und Taxis in die preußische Postverwaltung ein, schuf eine einheitliche Reichspost und war maßgeblich mit an der Gründung des Weltpostvereins 1874 beteiligt. 1885 wurde er in den Adelsstand erhoben.

Neben der Modernisierung von postinternen Dienststrukturen sind vor allem die Einführung von Postanweisungen und Nachnahmen, eine einheitliche Gebührenordnung, die Vermehrung der Poststellen – die oft recht aufwendigen „Stephansbauten“ wurden sprichwörtlich – und die Einführung des Fernsprechers zu nennen. Auch die Gründung der Reichspost- und Telegrafenschule geht auf ihn zurück. Im Generalpostamt Leipziger/Ecke Mauerstraße in Berlin-Mitte legte er den Grundstein für ein Reichspostmuseum. In dem 1871 bis 1874 erbauten repräsentativen Gebäude befindet sich heute das Museum für Kommunikation.

Schlüssel zur Welt:
Die Toussaint-Langenscheidtsche Lautschrift

Als der gerade 17-jährige Gustav Langenscheidt (1832–1895) 1850 auf ausgedehnte Reisen quer durch Europa ging, hatte er mit Sicherheit viele Schwierigkeiten zu überwinden. Am schmerzlichsten erschien ihm, sich in fremden Sprachen nicht ausreichend verständigen zu können. In seinem Reisetagebuch notierte er: „Es ist ein wahrhaft peinliches Gefühl, unter Menschen nicht Mensch sein und seine Gedanken austauschen zu können.“

atteindre [aˈtɛ̃ːdrə] Beispiel der IPA-Lautschrift

Französisch-Sprachlernbrief von Langenscheidt

Gleichzeitig bemerkte er aber, dass er allein durch das ständige Sprechen seine Sprachkenntnisse verbesserte. Sollte es also nicht möglich sein, eine ganz neue Methode des Sprachenlernens zu entwickeln, ausgehend nicht vom Lesen und Schreiben, sondern vom Sprechen? Und könnte es nicht ein System geben, das Töne und Sprachmelodie ähnlich wie die Notenschrift umschriebe, mit dem man also Sprache auch ohne direkten Kommunikationspartner erlernen könnte?

Zurück in seiner Heimatstadt Berlin, machte er sich mit dem Sprachlehrer Charles Toussaint (1813–1877) an die Arbeit. In mühsamer Kleinarbeit, die nachts stattfinden musste, da Langenscheidt tagsüber seinen Militärdienst ableistete, entwickelten sie eine umfassende Lautschrift fürs Französische. Das Wort „atteindre" = „erreichen" soll als erste Vorlage gedient haben. Das Ziel, mit der neuen Lautschrift-Methode jedem die Möglichkeit zum Sprachenerwerb zu geben, war damit jedoch noch nicht erreicht: Die Selbstlernbriefe, die die beiden 1856 vorlegten, fanden keinen Verleger.

Langenscheidt dachte nicht ans Aufgeben, er gründete einfach seinen eigenen Verlag. Erster Geschäftssitz war eine Wohnung in der Schönhauser Allee 177a, Berlin-Prenzlauer Berg. Und plötzlich lobte alle Welt „eine der geistreichsten Erfindungen der Neuzeit", „einen ebenso wichtigen Triumph des menschlichen Scharfsinns, wie die Erfindung der Dampfmaschine, Telegraphie, usw." (Literarische Rundschau). Tatsächlich waren die Sprachlernbriefe eine revolutionäre Neuerung: Sie ermöglichten das Lernen ohne Lehrer und eröffneten damit breiten Volksschichten den Zugang zu fremden Sprachen.

Auch der wirtschaftliche Erfolg blieb nicht aus. Allein die französischen Briefe brachten zwischen 1856 und 1860 jährlich 3.000 bis 5.000 Taler ein. Damit konnten auch Verluste ausgeglichen werden, die sich anfänglich beim Vertrieb englischer Sprachbriefe einstellten, die Langenscheidt mit Henry Lloyd und Carl von Dalen entwickelte. Die Bedeutung des Englischen war damals noch ungleich geringer, auf lange Sicht jedoch lag Langenscheidt auch hiermit richtig.

1866 bezog der Verlag ein neues Wohn- und Verlagsgebäude in der Halleschen Straße 17, Berlin-Kreuzberg. Hier sollte ein weiteres bahnbrechendes Produkt entstehen: ein Wörterbuch mit Lautschriftsystem. Die Arbeit am Französisch-Wörterbuch, das den Anfang machen sollte, nahm 17 Jahre in Anspruch! Auch technisch waren Langenscheidts Ideen äußerst anspruchsvoll, benötigte man doch eine immense Anzahl von Satztypen, die extra angefertigt werden mussten. Dazu stellten sich Schwierigkeiten ganz anderer Art ein: Hochwasser behinderte immer wieder die Druckarbeit im Souterrain des Hauses, Langenscheidt musste nach preußischem Gesetz eine Qualifikation als Buchhändler vorlegen und schließlich, das Wörterbuch war fast fertiggestellt, drohte auch noch eine

Das Langenscheidtsche Familiengrab

Die prunkvolle Familiengrabstätte, in der Langenscheidt unweit seines Firmensitzes auf dem St. Matthäus-Friedhof beigesetzt wurde, ist gekrönt von einem Mosaik mit zwei einander ergreifenden Händen, eine vereinfachte Version des ersten Firmenlogos und Zeichen des verständigen Miteinander. Ein halbes Jahrhundert später musste ein Teil des Friedhofs Hitlers Plänen zum Umbau Berlins zu einem gigantomanischen Germania weichen. Das Langenscheidtsche Familiengrab wurde auf den Stahnsdorfer Südwest-Friedhof umgesetzt, der dann jahrzehntelang im Schatten der Berliner Mauer nur mit Sondergenehmigung zu betreten war. Heute ist er für Besucher wieder frei zugänglich.

Rechtschreibreform. Eine Überarbeitung des Mammutwerkes hätte den finanziellen Ruin bedeutet, und so wandte sich Langenscheidt persönlich an den preußischen Kultusminister und bat erfolgreich um Verlängerung der Übergangsfristen.

Mit eisernem Willen, ungeheurem Arbeitsfleiß und präziser Organisation hatte Langenscheidt am Ende eine bis heute prosperierende und immer weitere Innovationen hervorbringende Firma aufgebaut. Für seine Verdienste in der Sprachdidaktik wurde ihm 1874 der Professorentitel der Preußischen Akademie der Wissenschaften verliehen, 1879 erhielt er ein Diplom der Berliner Gewerbeausstellung für hervorragende Leistungen im Buchdruck. Seine Lautschrift blieb bis Mitte des 20. Jahrhunderts im Einsatz und wurde dann vom heute gültigen Internationalen Phonetischen Alphabet IPA abgelöst.

Luft- und andere Schlösser: Der Steinbaukasten

Als Maurerlehrling in Anklam musste Gustav Lilienthal (1849–1933) tausende von Steinen bewegen. Später, nach zwei Jahren an der Schinkelschen Bauakademie in Berlin, war er als Bauleiter in Prag, London und Wien tätig. Dabei kam ihm eines Tages die Idee für ein Spielzeug, mit dem sich schon kleine Jungs so richtig als Baumeister fühlen konnten. Ihm schwebten einfache Grundformen vor, die vielfältig zusammensetzbar sein sollten. Bauklötze aus Holz gab es bereits. Lilienthal dachte an ein anderes, möglichst authentisches Material: den Ton, aus dem ja auch „richtige" Ziegel geformt werden. Monatelang experimentierte er mit seinem Bruder Otto Lilienthal (1848–1896) in dessen Küche, bis 1879 das richtige Mischungsverhältnis und die Farbgebung für die Bausteine gefun-

Anker-Steinbaukasten, Bauvorlage

Anker-Steinbaukasten, Bauvorlage

den waren. Otto konstruierte die Gussformen und richtete eine Presse ein. Gustav zeichnete Vorlagen für Kirchen, Burgen, Brücken und Häuserfronten und gestaltete den Kasten.

Der fertige Steinbaukasten sollte zehn Mark kosten. Doch erst einmal musste er an den Mann, oder besser gesagt, ans Kind gebracht werden. Wie ein Hausierer ging Gustav Lilienthal von Spielwarengeschäft zu Spielwarengeschäft. Nur ein Laden an der Leipziger Straße in Berlin stellte einen Kasten ins Schaufenster. Die Brüder hatten erhebliche Summen in die Erfindung gesteckt, doch das Geschäft kam nicht in Gang. Erst der Kontakt zu dem Rudolstädter Fabrikanten Friedrich Adolf Richter brachte sie weiter. Dieser bot den Brüdern 6.000 Mark für ihr Produkt. Die Lilienthals waren entsetzt. Nach Abzug aller bisherigen Kosten blieben für jeden nur 500 Mark übrig. Doch da sie selbst keine weiteren Vermarktungsmöglichkeiten sahen und ihr Geld langsam knapp wurde, ließen sie sich auf das Geschäft ein.

Richter errichtete eigens eine Produktionsstätte und setzte Architekten ein, die weitere Vorlagen entwickelten. Dank seines Vermarktungstalents wurden die jetzt „Anker" genannten Steinbaukästen zum beliebtesten

Weihnachtsgeschenk für kleine Jungs, das Produkt gewann eine ganze Reihe von Medaillen, und Richter machte binnen weniger Jahre Millionengewinne.

Zuzusehen, wie ein anderer seine Erfindung zum Erfolg machte, ließ Gustav Lilienthal keine Ruhe. Nach einigen Jahren, die er erfolgreich als Architekt in Australien verbracht hatte, kam er nach Berlin zurück, brachte eine neue Steinmasse mit, die nicht mehr gebrannt werden musste, und überzeugte seinen begeisterungsfähigen Bruder Otto zum Weitermachen. Dieser baute eine Presse, die jetzt durch eine Dampfmaschine angetrieben wurde und die er patentieren ließ. Die Presse und die Steinmasse bot man erneut der Firma Richter zum Kauf an, die jedoch ablehnte. Auch der Versuch, in Paris eine eigene Produktion und Vertriebswege aufzubauen, schlug fehl und brachte nur einen jahrelangen Rechtsstreit mit Richter ein, an dessen Ende die Lilienthals eine Konventionalstrafe von 10.000 Mark zu zahlen hatten.

Selbstkritisch hat Gustav Lilienthal später einmal gesagt, dass er neben der künstlerischen Begabung auch ein Talent zum Bau von Luftschlössern besaß. Von nun an jedenfalls wandte er sich wieder den großen Bausteinen zu. Als begeisterter Anhänger der Reformbewegung an der Schwelle zum 20. Jahrhundert entwarf er einfache Siedlungshäuser, zerlegbare Lauben und Sommerhäuser, Büro-, Schul- und Industriebaracken. Er engagierte sich in der Obstbaukolonie „Eden“ bei Oranienburg, gründete die gemeinnützige Baugenossenschaft „Freie Scholle“ in Berlin-Renickendorf.

Lilienthal und die Reformpädagogik

Gustav Lilienthals pädagogische Bemühungen sind im Kontext seiner reformerischen Begeisterung zu sehen. Was für Kinder heute selbstverständlich ist, musste damals erst erfochten werden: Spiele, die sich am wahren Leben orientieren. Lilienthal illustrierte die Schriftreihe „Neuer Kindergarten“, entwarf Vorlagen zum Basteln, zum Legen von Ringen und Stäbchen, zum Flechten, Falten und Modellieren. Er erfand ein künstliches Reittier, ein Lesespiel, einen Rechenapparat, einen Baukasten für mannshohe Häuser aus Pappe und einen Modellbaukasten mit gleichmäßig gelochten Leisten, ähnlich dem späteren Metallbaukasten. Mit seiner Schwester Marie gründete er eine „Kunstwerkstatt für weibliche Handarbeiten“.

Der von ihm entworfene „Saal Alt-Lobetal“ ist das heutige Wahrzeichen der „Hoffnungstaler Anstalten“ bei Bernau. Sein eigenes Haus in Lichterfelde bei Berlin hingegen, im englischen Tudorstil mit Türmchen, Zinnen und lebhaften Fassaden gehalten, erinnert fast wieder ein wenig an die Entwürfe für den Steinbaukasten.

Anker-Bausteine heute

Die Firma in Rudolstadt wurde nach Richters Tod in eine staatliche Aktiengesellschaft umgewandelt und in der DDR als volkseigener Betrieb weitergeführt. Etwa fünf Milliarden Ankersteine wurden bis zur Schließung der Ankerwerke 1963 weltweit verkauft. Seit 1995 werden die weltberühmten Ankersteine nach altem Rezept aus reinen Naturmaterialien wieder in Rudolstadt hergestellt. Das neue Ankerwerk gehört heute zu dem Holzspielzeug-Hersteller Gollnest & Kiesel.

Zeug zum Fliegen: Das Flugzeug

Wie ein Vogel fliegen, sich in die Lüfte erheben und auf dem Wind segeln – wer hat davon nicht schon einmal geträumt. Die 13 und 14 Jahre alten Brüder Gustav und Otto Lilienthal wollten es beim Träumen nicht belassen. Geduldig beobachteten sie den Flug der Störche, ließen Papierdrachen steigen und entwickelten einen Plan zum Bau von Flügeln. Schließlich war es soweit: Die jungen Visionäre schnallten sich zwei Meter lange Schwingen mit Lederriemen an die Arme und rannten, wie sie es den Störchen abgeguckt hatten, von einem Hügel gegen den Wind. Statt eines Erfolgserlebnisses jedoch ernteten sie nur den Spott ihrer Mitschüler und den Unwillen der Lehrer.

1864 wechselte Otto vom Gymnasium auf die Provinzial-Gewerbeschule Potsdam, wo er nach zwei Jahren das beste Examen ablegte, das die Anstalt je ausstellte. Drei Jahre später trafen sich die beiden Brüder in Anklam wieder und unternahmen neue Flugversuche. Dazu kauften sie erst einmal alle Federn ihrer Heimatstadt auf, was in einer pommerschen Stadt damals schon einiges bedeutete. Doch auch mit Federn hoben sie nicht ab.

Lilienthal mit Flugapparat, Fotografie von Ottomar Anschütz, 1893

In Berlin, wo Otto ein Stipendium der Gewerbe-Akademie erhielt, ging das Tüfteln weiter. Diesmal waren es Weidenruten, mit denen ein neuer Flugapparat gebaut werden sollte. Zusammensetzen konnten die Brüder ihr neues Fluggerät jedoch nicht, da sie sich die Schlafstätte mit einem Droschkenkutscher teilten und ihre „Werkstatt“ nur ein Verschlag auf dem Dach war.

Jahre später war Otto Lilienthal als Fabrikant durch verschiedene Patente wohlhabend geworden. Seinen Traum vom Fliegen hatte er jedoch nicht vergessen. Beim Bau seines Hauses in Lichterfelde bei Berlin plante er auf dem Grundstück einen Flugversuchsplatz. Ständige Beobachter der Versuche im Garten waren neben seinen vier Kindern auch die zahmen Störche, die er sich hielt. Das Gelände reichte bald nicht mehr aus, ein Hügel musste gefunden werden. Der Windmühlenberg von Derwitz, zwischen Werder/Havel und Groß Kreutz gelegen, erlaubte den Absprung in die jeweils richtige Windrichtung. Lilienthal verbrachte im Sommer 1891 fast jeden Sonntag in Derwitz. Oft begleiteten ihn sein Bruder Gustav, seine Familie oder Mitarbeiter und Freunde. Besonders der ortsansässige Müller beobachtete mit Staunen die Flugversuche, und so manches Mal schleppte er Lilienthals „Zeug zum Fliegen“ den Berg hoch und half dem Flugpionier, wenn dieser sich wieder Arme oder Beine verstaucht hatte.

Hier gelangen schließlich mit einem Gleitflieger aus einer Höhe von fünf bis sechs Metern bis zu 25 Meter lange Sprünge: Otto Lilienthal war der erste Mensch, der flog. Und er hatte den Beweis für seine Theorie erbracht, die er in seinem Buch „Der Vogelflug als Grundlage der Fliegekunst“ dargelegt hatte.

Die Zeiten des Spotts und Hohns waren jetzt vorbei. Zu den Flugversuchen, nun in den Rhinower Bergen 100 Kilometer nordwestlich von Berlin, kamen immer mehr Schaulustige. Nachdem Otto Lilienthal Flüge von 250 Metern absolviert hatte, noch dazu mit Kehrtkurve, hielt er 1893 die Konstruktion für so ausgereift, dass er das erste Patent auf einen Flugapparat anmeldete. Es handelte sich dabei um ein einfaches, handliches, zusammenklappbares Übungsgerät von zwei Metern Höhe und einem Meter Breite, das er in größeren Stückzahlen produzierte und für das er auch in den USA einen Markt sah. Folglich ließ der gewiefte Geschäftsmann seine Erfindung auch dort patentieren.

Lilienthal baute außerdem einen Doppeldecker, machte Versuche mit einem eingebauten Einzylinder-Kohlensäurenmotor und skizzierte Möglichkeiten eines mechanischen Höhenruders. Doch jäh wurde er aus seinem Erfinderdrang herausgerissen. Eine plötzliche Böe, die am Osthang des Gollenbergs bei Stölln in den Rhinower Bergen an einem schönen Sommertag 1896 aufkam, ließ Lilienthal abstürzen. In Stölln hatte Lilienthal 1894 bereits einen ersten gefährlichen Absturz aus 20 Meter Höhe erlebt, den er und sogar sein Gleiter dank eines am Bug angebrachten „Prallbügels“ unbeschadet überstanden hatten. Aus welchen Gründen

Lilienthals soziales Engagement

Otto Lilienthal war ein erfolgreicher Erfinder und Fabrikant, zeigte aber auch soziale Verantwortung. In seiner Fabrik schaffte er den Akkord ab und beteiligte alle Mitarbeiter mit jährlich 25 Prozent am Gewinn. Wer mit Fragen an Lilienthal herantrat, bekam sein berühmtes Vogelflug-Buch geschenkt; verkauft hat er bis zu seinem Tod weniger als 300 Exemplare. Er engagierte sich fürs Volkstheater, in dem ein einfaches Ticket nicht mehr als einen Groschen kosten durfte. In einigen Stücken spielte er selber mit, und sogar ein sozialkritisches Theaterstück verfasste er. Wegen Publikumsmangel wurde „Moderne Raubritter“ jedoch nach neun Aufführungen abgesetzt.

auch immer: Am 9. August 1896 unternahm Lilienthal einen Gleitflug ohne einen solchen Bügel. Er stürzte aus 15 bis 20 Metern senkrecht zur Erde, hatte starke Verletzungen, ein Halswirbel war gebrochen, und bald stellte sich eine Lähmung ein. Heute unvorstellbar: Lilienthal musste mit einem Ackerwagen zum Bahnhof gebracht und von dort, zeitweise ohne Bewusstsein, im Güterwagen nach Berlin transportiert werden. Trotz sofortiger Operation verstarb der Flugpionier am 10. August 1896.

Schreiben ohne hinzugucken: Die Blindenschreibmaschine

Es war der mit vier Jahren erblindete Knabe Louis Braille, der 1825 mit gerade 16 Jahren eine Schrift aus jeweils sechs Punkten pro Zeichen entwickelte, durch deren unterschiedliche Positionierung sich 63 Kombinationsmöglichkeiten ergaben – die in ihren Grundzügen noch immer gültige Blindenschrift. Mit Hilfe eines Griffels und einer Schablone müssen die Punktzeichen in dickes Blindenpapier eingedrückt werden. Wird das Blatt umgedreht, kann man das Geschriebene mit den Fingern „lesen“, ein nützliches, aber doch umständliches Verfahren.

Diese Schrift und die Schwierigkeiten beim Schreiben lernte der Lehrer Oskar Picht (1871–1945) an der Blindenanstalt in Steglitz bei Berlin kennen, wo er sich zum Blindenlehrer qualifizierte. Zwei Jahre brauchte er, bis er 1899 eine erste Blindenschreibmaschine vorstellen konnte. Diese verfügte

Pichtsche Blindenschreibmaschine, 1910

über sechs Grundtasten, die zum Erzeugen der Punktschrift in der jeweiligen Kombination gleichzeitig gedrückt wurden. Positivtafeln machten das Geschriebene schon in der Maschine lesbar. 1901 patentiert, erhielt sie 1907 auf der internationalen Schreibmaschinenausstellung in Venedig die Goldmedaille. Picht war nicht der erste und einzige, der versuchte, technische Lösungen für das Problem der Blindenschrift zu finden. Doch sein Patent war so praktikabel, dass es für Deutschland bis heute maßgeblich ist.

Picht, der seit 1920 Direktor der Blindenanstalt war, entwickelte seine Maschine immer weiter. Bis er sich 1933 zur Ruhe setzte, erwarb er zehn weitere Patente, unter anderem für einen Verständigungsapparat für Taubblinde. Seine Sechs- bzw. Acht-Punkt-Stenomaschine war besonders wichtig, weil mit ihrer Hilfe Blinde qualifizierte Büroarbeiten übernehmen konnten.

Blinde Menschen bewahren Pichts Andenken bis heute. Ein Computer für Blinde ist extrem teuer und deshalb die Schreibmaschine noch immer unverzichtbar.

Das Deutsche Blinden-Museum

1806 verfügte König Friedrich Wilhelm III. durch eine Kabinettsorder die Gründung einer „Preußisch-Königlichen Blindenanstalt“ in Berlin. Er schuf damit die erste Blindenanstalt Deutschlands. Johann August Zeune, Geograph und unter anderem Lehrer am Gymnasium Graues Kloster in Berlin, betreute zunächst nur einen blinden Schüler und führte den Unterricht in seinen Privaträumen in der Gipstraße durch. Doch die Schülerzahl wuchs so schnell, dass ein eigenes Schulgebäude notwendig wurde. Dank großzügiger Spenden zog man mit 24 Schülern in die ehemalige Planmannsche Erziehungsanstalt in der Wilhelmstraße 139. 1877 erfolgte der Umzug in die komplett neu errichteten Gebäude in der Rothenburgstraße in Steglitz, wo sich die Schule heute noch befindet, seit 1949 mit der „Silex-Handelsschule“ und der Berufsschule für Blinde vereint.

1890 wurde hier auch das Deutsche Blinden-Museum gegründet, das sich bald zum Anziehungspunkt für Fachleute aus dem In- und Ausland entwickelte. Mit viel persönlichem Engagement durch die Zeit des Nationalsozialismus, durch die Kriegs- und Nachkriegsjahre gerettet, mehrfach wiedereröffnet und geschlossen, wird es derzeit von ehrenamtlichen Kräften vom Förderverein des Deutschen Blinden-Museums e. V. betrieben.

Ein kleines Ding schafft Ordnung: Die Reißzwecke

Über den Uhrmacher mit Namen Johann Kirsten aus Lychen ist wenig bekannt. Nicht einmal seine Lebensdaten kennen wir, nur dass er um 1900 gelebt hat. In der Überlieferung erscheint er als ein etwas verkrachtes Genie mit tausend Einfällen. Unter anderem kreierte er – wie vermutet wird, wohl auch aus persönlichem Interesse – ein wiederverschließbares Ventil für Bierflaschen.

Reißzweckenschachtel aus Lychen, um 1910

Man kann sich gut vorstellen, wie er all seine Ideen auf zahllose Zettel notierte, die dann lose zwischen Aufträgen und Bestelllisten in seiner Werkstatt herumlagen, und wie er, um darin ein wenig Ordnung zu schaffen, die „Pinne" ersonnen hat, einen Stift mit Schutzkappe, mit dem er seine Zettel verletzungsfrei an die Wand pinnen konnte.

Offenbar konnte Kirsten sich schon vorstellen, dass auch andere Leute seine Erfindung gebrauchen könnten. So begann er, täglich ein paar Tüten davon für den Verkauf zu produzieren. Wirklich clever war er aber offenbar nicht: Für wenig Geld gab er die Rechte an der Heftzwecke an den Kaufmann Otto Lindstedt ab, der sie sich am 8. Januar 1904 patentieren ließ und anschließend auf den Markt brachte. Im Gegensatz zum Erfinder wurde Lindstedt reich – und nahm doch ein tragisches Ende: Anfang Mai 1945 hat er sich aus Angst vor der anrückenden Sowjetarmee mit Sohn, Schwägerin und drei Enkeln vergiftet.
Die „Pinnen" wurden bis in die 1960er Jahre in Lychen weiter produziert.

Ihren zweiten Namen Reißzwecke hat die „Pinne" von Robert Reiss aus Bad Liebenwerda, der das Marketingpotenzial seines Namens nutzte und Produkte aller Art rund ums Vermessen

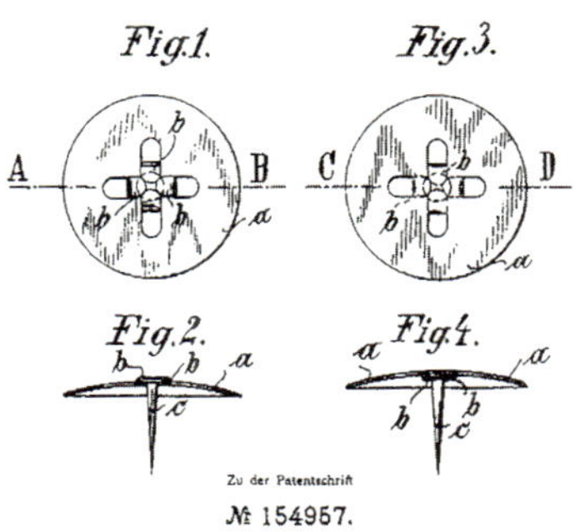

Patentzeichnung der Firma Reiss, 1904

und technische Zeichnen herstellte und versandte. Sie ist also genauer gesagt eine Reiss-Zwecke und im Übrigen für das Fixieren von Papier auf dem Zeichenbrett besser geeignet als die Lychener Erfindung: Spitz wie eine Nadel, entsteht bei ihrer Verwendung nur ein sehr kleines Loch. Zieht man sie heraus – wozu umgehend auch ein Reißzweckenheber kreiert wurde –, reicht die Luftfeuchtigkeit, um das Loch wieder zu verschließen.

Arbeiten mit Haltung: Der ergonomische Schreibtisch

1881 kam der in Ostpreußen geborene Robert Reiss (1844–1911) nach seiner Ausbildung zum Landvermesser und mehreren Stationen in verschiedenen anderen preußischen Städten als Katasteramtsgehilfe nach Liebenwerda, das seit dem Wiener Kongress zur preußischen Provinz Sachsen gehörte.

Von seinem für damalige Verhältnisse eigentlich recht stattlichen Gehalt von 135 Mark musste Reiss nicht nur eine sechsköpfige Familie ernähren, sondern laut Arbeitsvertrag auch einen Gehilfen sowie Büromaterialien selbst bezahlen. Die Suche nach billigem Material wurde zum ersten Schritt in die Selbständigkeit. Bei einer befreundeten Druckerei bestellte Reiss Formulare über den eigenen Bedarf hinaus und gründete damit 1882 ein Versandgeschäft mit Artikeln und Formularen für technische Anstalten und Vermessungsbüros. Die Kundschaft hierfür fand sich umgehend, ganz wie Reiss es in der Hauptpreisliste von 1892/93 beschrieb: „In voller Anerkennung der heutigen vorzüglichen und raschen Postbeförderung nach allen Städten und Dörfern bietet mein Versand-Geschäft die größte Bequemlichkeit, da es nur einer Bestellung durch Karte oder Brief bedarf, um die Waaren frei ins Haus zu erhalten. Diese Einrichtung wird namentlich denjenigen Technikern sehr willkommen sein, welche ihren Aufenthalt in kleineren Städten oder auf dem Lande haben und daher nicht selten wegen Beschaffung von technischen Artikeln, sei es für den Feld-, Bauplatz oder Bureaugebrauch, in Verlegenheit kommen."

Bald agierte die Firma erfolgreich deutschlandweit. Die Voraussetzungen dafür waren ein funktionierender Postbetrieb und der Anschluss der damals erst um die 3.000 Einwohner zählenden Stadt Liebenwerda an die Bahnlinie zwischen Breslau und Magdeburg. Darüber hinaus war das

Deutsche Reich mit Einführung der Mark als Einheitswährung zu einem einheitlichen Wirtschaftsraum geworden. Das alles machte es möglich, dass ein mutiger Unternehmer seine Waren aus der tiefsten Provinz quasi in alle Welt liefern konnte.

Reiss erweiterte sein Sortiment auf Bürobedarf aller Art, den er schließlich auch selbst produzierte. Ein angeschlossener Ausbildungsbetrieb sorgte für Fachkräfte, und Reiss wurde zu einem der wichtigsten Arbeitgeber der Region. Dabei kam ihm fraglos zugute, dass er vieles für den „Reißer", also den Hersteller von Landkarten und Bauzeichnungen, produzierte und seine Produkte passenderweise mit seinem Namen als Reiss-Bretter, Reiss-Zwecken usw. bezeichnen konnte.

Vieles, was andere ebenso produzierten, fand sich bei ihm in besonderer Qualität. Dabei schöpfte er aus seinen Erfahrungen als Landvermesser und ließ die eigenen Ansprüche zum Wertmaßstab werden. Alle Vorteile der modernen Zeit nutzend, begnadet mit Visionen und Sinn für Qualität, baute er seine Firma zu einem der weltweit größten Hersteller für feinmechanische Technik aus. Dafür erhielt er zahlreiche Auszeichnungen und Medaillen auf internationalen Messen. 1909 wurde er sogar zum Königlichen Hoflieferanten in Rumänien ernannt.

In seiner Büromöbelproduktion beschritt er ganz neue Wege: Seine Zeichentische waren höhenverstellbar und ermöglichten bei längerer Arbeit einen entlastenden Positionswechsel. Auch ein Schreibtisch, den er 1910 auf den Markt brachte und der per Druck auf einen Fußhebel zum Stehpult umfunktioniert werden konnte, versprach „Gesundheit, Arbeitsfreudigkeit und Arbeitsleistung". Der REFORM-Schreibtisch war der Stammvater aller ergonomischen Büromöbel. Für die Abbildung im Katalog hat sich Reiss übrigens, wie er das in seinen Werbeprospekten häufig tat, selbst am Schreibtisch arbeitend gezeichnet.

Werbeanzeige Schreibtisch „REFORM", 1910

Thermos-Werbeplakat, um 1910

Goldmedaillen für eine Kanne: Die Thermoskanne

Eigentlich hatte der Berliner Fabrikant Carl von Linde den Glastechniker Reinhold Burger (1866–1954) beauftragt, geeignete Behälter für den Transport verflüssigter Luft zu entwickeln. Es ging um Temperaturen von unter –190 °C. Burger ging davon aus, dass es egal ist, ob extrem hohe oder extrem niedrige Temperaturen isoliert werden sollen. Deshalb griff er bei seinen Tüfteleien der Einfachheit halber anstatt auf verflüssigte Luft auf heißes Wasser zurück. Er nutzte das Wissen um die geringe Wärmeleitfähigkeit des Glases und die Tatsache, dass im Vakuum kein Wärmeaustausch mehr stattfindet. Laborgeräte aus zwei ineinandergefügten Glasgefäßen, zwischen denen die Luft herausgepumpt werden konnte und so ein Vakuum entstand, gab es bereits. Wie gesagt: eigentlich um Kälte zu isolieren, aber warum nicht auch Wärme?

Fast nebenbei kam Burger dabei die Idee für die Thermoskanne. Er stützte den Hohlraum zwischen den Gläsern mit Draht und Asbest ab, versah das Gefäß mit einem Korken als Verschluss und setzte einen Trinkbecher darauf: Das Laborgerät war alltagstauglich geworden. 1904 ließ Burger den Namen „Thermosflasche" als Warenzeichen schützen. Patentierungen in Frankreich, Großbritannien und den USA folgten.

Der Slogan „Heiß bleibt heiß, kalt bleibt kalt" der von Burger 1906 gegründeten Thermos-Gesellschaft mbH traf den Nagel auf den Kopf. Mit der Thermoskanne konnte man heißen Kaffee zur Arbeit mitnehmen, auf Reisen eine heiße Suppe genießen oder – dem ursprünglichen Arbeitsauftrag wieder näher kommend – im Sommer Eis für die Kinder holen. Wie sehr Burgers

Reinhold Burger

Reinhold Burger begann mit 15 Jahren bei C. A. F. Geissler & Sohn in Berlin eine Lehre. Es folgten einige Jahre in der Glühlampenproduktion bei Siemens & Halske. 1890 reiste er in die USA, um dort zu arbeiten. Zurück in Berlin, gründete er seine eigene Firma R. Burger & Co., die verschiedenste Glasinstrumente herstellte, aber auch Forschung betrieb. Zu erwähnen ist besonders die Entwicklung einer Röntgenröhre (Patent Nr. 129974 beim Kaiserlichen Patentamt für eine „Vorrichtung zur Erzeugung von Röntgenstrahlen", 19.4.1901). Die Grundlagen für Wissen und Können von Reinhold Burger wurden in einem Ort etwa 50 Kilometer südlich von Berlin gelegt. In Glashütte bei Baruth, wo Burger am 12. Januar 1866 geboren wurde, wurde seit 1716 Glas produziert. In der Blütezeit der Hütte stellten 200 Glasarbeiter jährlich Millionen Glaszylinder und Milchglasschirme her. Heute gilt es als eines der schönsten voll erhaltenen Glasmacherdörfer Europas und steht als Museumsdorf unter Denkmalschutz. In einer Dauerausstellung kann man den Werdegang Burgers und den der Thermoskanne nachvollziehen.

Erfindung auf der ganzen Welt geschätzt wurde, zeigen die Auszeichnungen für sein Produkt, das auf den Weltausstellungen 1904 in St. Louis (USA) und 1906 in Mailand (Italien) mit Goldmedaillen dekoriert wurde.

Aber Erfinder sind nicht zwangsläufig gute Kaufleute. Seine Erfindung vermarktete Burger eher unglücklich. 1909 verkaufte er seine GmbH einschließlich des Reichpatentes und des geschützten Warenzeichens für fast 500.000 Reichsmark an die eigens hierfür gegründete Thermos-AG. Aber Inflation und Weltwirtschaftskrise ließen am Ende nicht viel übrig von diesem Vermögen. Die American Thermos Bottle Company, New York, jedoch, der er 1909 die Auslandsrechte übertragen hatte, machte Millionengeschäfte. Dank Henry Fords Autos fuhr die neue mobile Gesellschaft ins weite Land, und zu einem guten Picknick gehörten kalte oder heiße Getränke aus der Isolierkanne. Reinhold Burger starb mit 88 Jahren in einfachen Verhältnissen in Berlin-Pankow.

Frieden für die Ohren: Ohropax

Seit Beginn der industriellen Revolution war es vor allem in den Großstädten so laut geworden, dass Lärm zum Problem wurde. „In den letzten Jahrzehnten verstärkte sich die Intensität der nahezu pausenlos auf uns einwirkenden Geräusche dermaßen, dass man die völlige Vernichtung unseres geistigen Lebens befürchten muss!“, klagte der Schweizer Wissenschaftler Adolf Kaegi um die Wende zum 20. Jahrhundert; Theodor Lessing verfasste „Der Lärm. Eine Kampfschrift gegen die Geräusche unseres Lebens“. 1908 gründete sich der „Deutsche Lärmschutzverband“. Auch der Normalbürger suchte sich zu helfen. Doch Stöpsel für die Ohren aus Holz, Metall oder Hartgummi erwiesen sich als wenig tauglich. Erst der Apotheker Maximilian Negwer (1872–1943), der um die Jahrhundertwende aus Schlesien nach Berlin gezogen war, entwickelte ein wirksames Gegenmittel.

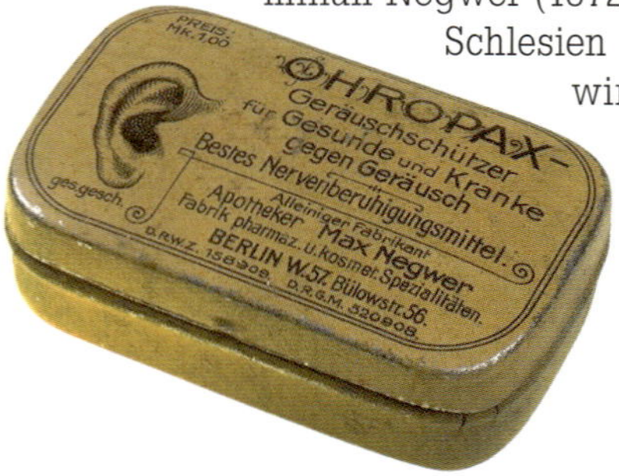

Negwer hatte bereits in seiner 1901 eröffneten Drogerie Eigenentwicklungen wie Hustenbonbons oder das Fleckenwasser „Helgalin“ verkauft. 1907 gründete er

Ohropax-Blechdose, 1908

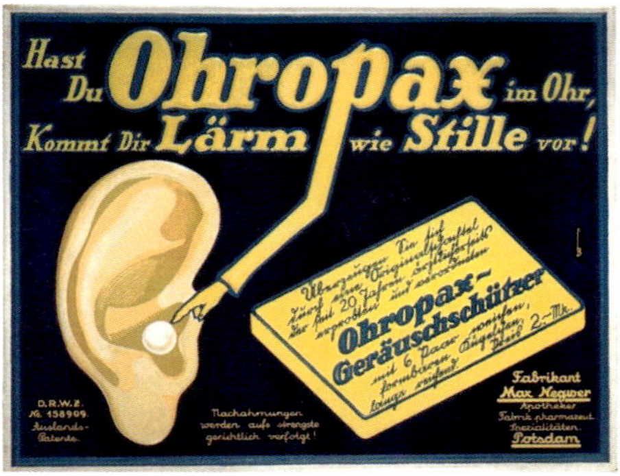

Ohropax-Werbetafel, 1928

die Fabrik pharmazeutischer und kosmetischer Spezialitäten Max Negwer, die Schönheitspuder, Migränestifte, Frost- und Schnupfencremes, Parfüms und Riechsäckchen teils aus Eigenherstellung, teils als Handelsware vertrieb. Und immer war Negwer weiter auf der Suche nach neuen Produkten. Bekannte sollen ihn an die Geschichte von Homers Odysseus erinnert haben, der sich beim Passieren der Insel der Sirenen an den Mast seines Schiffes binden, seinen Kameraden aber die Ohren mit Wachs verstopfen ließ, damit sie den betörenden wie gefährlichen Gesang der Sirenen nicht hörten. Negwer begann mit verschiedenen Wachsen, Talgen und Fetten zu experimentieren, bis er schließlich die perfekte Mischung aus Baumwollwatte, Paraffinwachsen und verschiedenen Vaseline-Sorten gefunden hatte, um angenehm weiche Kugeln herzustellen, die bequem zu tragen waren und sich rückstandsfrei wieder entfernen ließen.

Das fertige Produkt wurde „Ohropax“ genannt, ein Mischung aus dem deutschen Wort „Ohr“ und dem lateinischen „pax“ = „Frieden“. Einer der ersten Fans war der Schriftsteller Franz Kafka, der es sich extra nach

Homer: Odyssee

„Meine Gefährten gingen, und falteten eilig die Segel,
Legten sie nieder im Schiff, und setzten sich hin an die Ruder;
Schäumend enthüpfte die Woge den schöngeglätteten Tannen.
Aber ich schnitt mit dem Schwert aus der großen Scheibe des Wachses
Kleine Kugeln, knetete sie mit nervichten Händen;
Und bald weichte das Wachs, vom starken Drucke bezwungen,
Und dem Strahle des hochhinwandelnden Sonnenbeherrschers.
Hierauf ging ich umher, und verkleibte die Ohren der Freunde.
Jene banden mich jetzo an Händen und Füßen im Schiffe,
Aufrecht stehend am Maste, mit festumschlungenen Seilen (...)“

Prag schicken ließ. Von ihm ist die Bemerkung überliefert: „So viel Ruhe wie ich brauche, gibt es nicht oberhalb des Erdbodens. [...] Ohne Ohropax bei Tag und Nacht ginge es gar nicht."

Doch wie so oft in Deutschland war es ein Krieg, der ein Produkt erst so richtig nach vorn brachte: Ab 1917 wurde Ohropax „gegen die Schallwirkung des Kanonendonners" an die deutschen Frontsoldaten verteilt und hat manchem das Gehör erhalten.

Der Erfolg hielt auch nach dem Krieg an. 1924 wurde der Firmensitz nach Potsdam verlegt. Seit 1950 betrieb man eine Filiale in Werheim im Taunus, um nach den Währungsreformen die Kundschaft im Westen zu versorgen. 1958 wurde der ostdeutsche Betrieb verstaatlicht, und die Negwersche Firma zog endgültig nach Werheim um. Seit 1994 wird nur noch am westdeutschen Standort produziert. Nach fast unverändertem Rezept verlassen täglich 90.000 Wachskugel-Pärchen den Betrieb, und auch der alte Werbespruch hat seine Gültigkeit nicht verloren: „Hast du Ohropax im Ohr, kommt dir Lärm wie Stille vor".

Es reist der Auftrag, nicht die Blume: Fleurop

Blumen zum Geburtstag zu schicken, wenn der Schenkende nicht selbst erscheinen kann, zum Hochzeitstag oder Firmenjubiläum oder einfach nur, weil man verliebt ist – was für eine reizende Idee! Vor 100 Jahren war sie allerdings mit dem Risiko verbunden, dass der Strauß, wenn er seinen Empfänger in einer anderen Stadt erreichte, schon deutliche Zeichen von Ermüdung aufwies. Der Blumenhändler Max Hübner (1866–1940) aus der Prinzenstraße 29 in Berlin-Kreuzberg hatte 1908 einen Einfall, der Abhilfe schaffen sollte. Der Vorsitzende des Verbandes Deutscher Blumengeschäftsinhaber überzeugte 98 Kollegen davon, sich in einem Netzwerk zusammenzutun und nicht Blumen, sondern Aufträge an Fachgeschäfte vor Ort zu verschicken, die dann die Bestellung ausführten. Unter dem Namen Blu-

Fleurop-Werbeplakat, 1930er Jahre

Fleurop-Werbeplakat, 1958

menspende-Vermittlungs-Vereinigung begann in den Räumen des Blumenhändlerverbandes in der Berliner Kaiserin-Augusta-Promenade, dem heutigen Reichpietschufer, die Arbeit. Hier bestellte Aufträge wurden per Telegramm zum Zustellort übermittelt. Um die Telegrammkosten möglichst gering zu halten, entwickelte Hübner ein eigenes Abkürzungssystem für Blumen und Grußbotschaften, das jahrzehntelang genutzt wurde. Bezahlt wurde per Verrechnungscheck.

Die Idee fand bald Nachahmer. Schon 1910 gründete sich in den USA die Florists' Telegraph Delivery, später Florists' Transworld Delivery Association (FTD). Dieser schlossen sich ab 1920 britische Blumenhändler an, die seit 1923 eine eigene Vereinigung bildeten. 1927 war Hübner, der inzwischen in Zürich lebte, Mitbegründer der Europäischen Blumenspende-Vermittlung, in der sich belgische, deutsche, niederländische, österreichische und Schweizer Kollegen zusammenfanden. Der Name Fleurop wurde gebildet aus einer Kombination des lateinischen „flores europae". 1946 erfolgte der Zusammenschluss von Fleurop-Interflora mit

duzierte auf dieser Grundlage nicht nur Gummihandschuhe und Zelte. Er stellte auch das erste Gummi-Kondom her. Es war zwei Millimeter dick und hatte eine Naht. Verbesserungen waren also durchaus noch wünschenswert.

Fromms Kondome

1914 gründete der einer armen ostjüdischen Familie entstammende Julius Fromm (1883–1945) in einer Hinterhofwerkstatt in Berlin-Prenzlauer Berg sein Fabrikations- und Verkaufsgeschäft für Parfümerie und Gummiwaren. Hier experimentierte Fromm, der in Abendkursen Chemie studiert hatte, auch mit Gummi. Indem er einen Glaskolben in eine Gummilösung tauchte, gelang ihm endlich die Herstellung eines transparenten und nahtlosen Kondoms aus Naturkautschuk. 1916 brachte er mit seiner nun Fromms Act Gummiwerke GmbH genannten Firma sein erstes Markenkondom unter dem Namen „Fromms Act“ auf den Markt. Die Produktion explodierte förmlich, nicht zuletzt weil Kondome zur Standardausrüstung deutscher Soldaten im Ersten Weltkrieg gehörten. Fromm zog nach Berlin-Friedrichshagen, dann nach Köpenick in immer größere Produktionshallen. Ihm gelang es, seinen Namen stellvertretend für das Produkt an sich zu setzen: Jahrzehntelang hießen Kondome volkstümlich „Frommse“.

Doppelte Enteignung der Firma Fromm

Trotz aller Bemühungen, sich mit dem nationalsozialistischen Regime zu arrangieren, sah Fromm sich ab 1936 einer durch die antisemitische Zeitung „Der Stürmer“ angestoßenen Hetzkampagne ausgeliefert. Pläne zum gewinnbringenden Verkauf seiner Firma, die er nun anstrebte, wurden hintertrieben. 1938 wurde sie dann im Zuge der sogenannten „Arisierung“ weit unter Wert – und übrigens an die Patentante Hermann Görings – zwangsverkauft. Fromm emigrierte nach London, wo er kurz nach Kriegsende verstarb. Die von seinem Bruder angestrebte Rückübertragung gelang nicht. Die im Ostteil Berlins gelegenen Fabriken wurden 1949 in Volkseigentum überführt. 1947 kaufte ein Sohn Fromms die Rechte am Markennamen von einem Vetter Görings zurück. Bis heute werden bei wechselnden Besitzverhältnissen Kondome der Marke „Fromm“ produziert.

Eine dauerhafte Entwicklung: Rodinal

Während heutzutage jeder Laie mit Fotoaufnahmen vom Handy dem Berufsfotografen Konkurrenz machen kann, war das Fotografieren, als das Medium noch jung war, eine Sache für Könner. Nicht nur die Gerätschaften, auch die chemischen Prozesse beim Entwickeln der Bilder mussten beherrscht werden. Da war es schon eine große Erleichterung, als die Berliner Firma AGFA 1891 einen gebrauchsfertigen Flüssigentwickler auf den Markt brachte. Nun musste der Fotograf nicht mehr allerlei Pülverchen selbst mischen, sondern die Flüssigkeit nur noch den Bedürfnissen entsprechend verdünnen.

Die AGFA war 1867 von Paul Mendelssohn Bartholdy, Urenkel des Aufklärers Moses Mendelssohn und Sohn des Komponisten Felix Mendelssohn Bartholdy, und seinem Freund Carl Alexander Martius als Gesellschaft für Anilinproduktion gegründet worden. Anilin wurde aus Steinkohlenteer gewonnen. Dieser wiederum war ein Abfallprodukt bei der Steinkohlenkoks- und Gasgewinnung und fiel Mitte des 19. Jahrhunderts, im Zeitalter der Dampfmaschinen und Gasbeleuchtung, in großen Mengen an. Oftmals einfach in die Flüsse gekippt, wurde er bereits zum ökologischen Problem. Als sich erwies, dass mit Anilin Farben von hervorragender Qualität hergestellt werden konnten, wurde die Anilinherstellung ein lohnendes Geschäft.

Neben Farbstoffen produzierte die AGFA auch Fotoplatten und Filme. 1888 entdeckte der in der Firma angestellte Forscher Momme Andresen (1857–1951), dass eine sich von Anilin ableitende chemische Verbindung als Entwickler für die Fotografie

AGFA-Werbegrafik, 1916

taugte. Dieser wurde unter dem Namen Rodinal auf den Markt gebracht und erwies sich als Verkaufsschlager mit Langzeitwirkung. Bis heute ist er in der Schwarz-Weiß-Fotografie quasi universell für Negativ- als auch Positiventwicklungen einsetzbar. Je nach Konzentration entstehen weichere bzw. härtere Konturen. Durch gezielten Temperatureinsatz kann auch die Körnung von fein bis grob moduliert werden. Obwohl es inzwischen unzählige andere Schwarz-Weiß-Entwickler gibt, wird Rodinal – zwar noch unter dem Label, aber nicht mehr von AGFA selbst produziert –

AGFA Rodinal, zeitgenössisch

Die AGFA

Die Geschichte der AGFA ist eng mit den Höhen und Tiefen der deutschen Geschichte verbunden. 1905 wurde sie gemeinsam mit BASF und Bayer Partner der IG Farben. 1910 erfolgte die Verlagerung der fotografischen Produktion wegen der hohen Luftverschmutzung von Berlin nach Wolfen. Im Ersten Weltkrieg produzierte man hier nicht nur Filmmaterial für die Feldkinos, sondern auch sogenannte „Fliegerfilme“, Material für die bei der Aufklärung genutzte Luftbildfotografie, daneben Scheiben und Filter für Gasmasken. Das Giftgas selbst wurde im Berliner Werk hergestellt. Unter den Nationalsozialisten wurde die AGFA „arisiert“. Die Söhne des Gründungsdirektors Mendelssohn Bartholdy, die inzwischen als Direktor bzw. Hauptaktionär fungierten, sowie alle jüdischen Aufsichtsratsmitglieder wurden enteignet und aus dem Unternehmen gedrängt. Nach dem Zweiten Weltkrieg wurde die IG Farben durch die Alliierten zerschlagen, Teile des in der sowjetisch besetzten Zone gelegenen Konzerns wurden als Reparationsleistung demontiert und in die Sowjetunion abtransportiert. Die Berliner und Wolfener Werke produzierten als Volkseigentum weiter. Obwohl vor Kriegsende alle wichtigen Patentanmeldungen auf die AGFA Photopapierfabrik Leverkusen übertragen worden waren, wurden im Osten die AGFA-Produkte, darunter auch Rodinal, weiter hergestellt. Nach einigem Hin und Her kam es 1956 zu einem Warenzeichenabkommen, nach dem der Name in der DDR bis 1964 offiziell benutzt werden durfte. Danach liefen die Wolfener Fotoprodukte unter dem Namen ORWO = Original Wolfen. Rodinal wurde jetzt als R 09 vertrieben.

wegen der einfachen Anwendung, der hohen Ergiebigkeit und der langen Lebensdauer noch immer geschätzt. Das Guinnessbuch der Rekorde führt es als das am längsten auf dem Markt befindliche Produkt für Fotografie.

Verkanntes Genie Friedlieb Ferdinand Runge

Es ist das Verdienst von Friedlieb Ferdinand Runge (1794–1867), Anilin und andere im Steinkohlenteer enthaltene Substanzen als eigenständige chemische Verbindungen erkannt und isoliert zu haben. Er hat damit die Grundlagen für eine ganze Industrie geschaffen. Der Mann muss ein begnadeter Chemiker gewesen sein. Schon im Alter von 26 Jahren isolierte er das Coffein im Kaffee. Dabei soll er einer Anregung Goethes gefolgt sein, von dem er als Student bei einem Besuch in Weimar eine Schachtel Kaffeebohnen als Studienobjekt überreicht bekommen hatte. 1832 kam Runge im Dienst der Preußischen Seehandlung nach Oranienburg, wo er sich im ehemaligen Schloss eine Chemiefabrik einrichtete. Seine Forschungsergebnisse rund um den Steinkohlenteer wurden zunächst nicht weiter beachtet und sogar als falsch dargestellt. Sein Vorschlag an die Seehandlung, die gefundenen Substanzen im großen Stil zu verwerten, wurde zurückgewiesen. So hat es noch über 20 Jahre gedauert, bis der erst 18-jährige Londoner Student William Henry Perkin 1856 den ersten Anilinfarbstoff herstellte.

Vom Bild zum Film: Das bewegte Foto

Die Frage, wie man eine Bewegung fotografisch festhalten und diese wieder zum Leben erwecken kann, beschäftigte Ende des 19. Jahrhunderts zahlreiche Erfinder, Wissenschaftler und Geschäftsleute. Von den Experimenten des Engländers Muybridge und des Franzosen Marey inspiriert, spezialisierte sich auch der junge Fotograf Ottomar Anschütz (1846–1907) darauf, Bewegung im Bild festzuhalten. Der von ihm erfundene Jalousie-Schlitzverschluss ermöglichte Aufnahmen mit bis zu 1/1.000 Sekunde Belichtungszeit. Damit war die Qualität seiner Bewegungsstudien denen seiner internationalen Kollegen in Schärfe und Detailreichtum haushoch überlegen. Neben unzähligen systematischen Bewegungsstudien fotografierte er unter anderem die Grundsteinlegung des Reichstages 1884 in Berlin und hielt den Flug einer Kanonenkugel im Bild fest. Nicht zuletzt

Storchenflug, Fotografie von Ottomar Anschütz, 1884

waren es seine Aufnahmen fliegender Störche, die Otto Lilienthal zum Bau seiner legendären Fluggeräte anregten, und Anschütz war es auch, der Lilienthals erste Flugversuche dokumentierte.

Er hatte also hinlänglich bewiesen, dass er Bewegungsabläufe, in Phasenbilder aufgelöst, perfekt fotografieren konnte. Um aus diesen Einzelbildern den Eindruck einer realistischen Bewegung entstehen zu lassen, konstruierte Anschütz 1886 mit einem Orgelbauer namens Schneider zusammen eine Apparatur, die er den „Schnellseher" taufte. Sie bestand aus einem hölzernen Gestell mit einer Kreisscheibe, an deren Kreisumfang 20 bzw. 24 Diapositive festgemacht waren. Setzte man die Scheibe mittels einer Kurbel in Bewegung, wurde beim Überschreiten des oberen Scheitelpunktes ein Lichtblitz ausgelöst, der das passierende Bild auf eine kleine Milchglasscheibe projizierte. Die Trägheit des menschlichen Auges simulierte einen Bewegungsablauf. Die Vorführungen des Apparates im Kultusministerium im März 1887, unter anderem vor den Augen des Kronprinzen Friedrich Wilhelm, waren eine Sensation.

1888 eröffnete Anschütz im ersten Stock der Charlottenstrasse 59 in Berlin ein Fotostudio. Hier verkaufte er auch selbst entwickelte Kameras und führte seinen Schnellseher dem Publikum vor. Mit Hilfe der Firma

Siemens & Halske wurde der Schnellseher bis Anfang 1891 zu einem vollautomatisch münzbetriebenen Apparat umgebaut. Der Vertrieb begann hoffnungsvoll. Von Juli bis August 1892 zog der Automatenschnellseher

Elektrischer Schnellseher

Der Hoffotograf Anschütz

Anschütz' Ruf als hervorragender Fotograf drang bis zur Kaiserin Auguste Viktoria vor, die sich wie viele Mitglieder der feinen Berliner Gesellschaft von ihm in die Kunst der Fotografie einweisen ließ. 1898 dokumentierte er die Reise der kaiserlichen Familie durch Ägypten nach Jerusalem. Der Trauerzug der Beerdigung Wilhelms I. wurde extra angehalten, um Anschütz bessere Fotos zu ermöglichen.

in Berlin zirka 34.000 zahlende Betrachter an. Auf der Weltausstellung in Chicago wurde er als „Greatest Wonder of the World" bezeichnet. Doch dann wurde Anschütz Opfer der vertraglichen Kniffe seines ausgebufften Vertriebspartners für Nordamerika und der eigens gegründeten Electrical Wonder Company. So endete der Versuch der Vermarktung des Schnellsehers mit vielen Schulden bei Siemens & Halske.

Allen Widrigkeiten zum Trotz baute er schon ein Jahr später seinen "Projektionsapparat für stroboskopisch bewegte Bilder", nach dem Einwirken von Georg Wilhelm von Siemens wieder mit Hilfe von Siemens & Halske. Mit diesem sogenannten Elektrotachyskop konnte Anschütz lebensgroße bewegte Bilder erzeugen. Am 25. November 1894 zeigte er geladenen Gästen im Hörsaal des Postfuhramtes in der Oranienburger Strasse auf einer sechs mal acht Meter großen Leinwand seine sich eine bis eineinhalb Sekunden lang bewegenden Bilder. In den darauffolgenden Tagen fanden weitere Vorführungen statt. Die zahlenden Besucher sahen ein schreitendes Kamel, einen Parademarsch, Schnellfeuer, einen Bocksprung und das Einseifen eines Kunden beim Barbier. Diese Vorführungen gelten weltweit als die ersten öffentlichen Projektionen bewegter Bilder und sind ein Meilenstein auf dem Weg zur Entwicklung des heutigen Kinos.

Anschütz´ letzte Vorführung seiner bewegten Bilder fand am 12. Juni 1895 statt. Sein plötzlicher Rückzug aus dem gerade beginnenden „Filmgeschäft" lässt reichlich Raum für Spekulationen. Sah er die Überlegenheit des Zelluloid gegenüber seinen Glasdiapositiven voraus? Waren die Vorführungen auf seinem Elektrotachyskop nicht wirklich rentabel und quälten ihn dabei vielleicht auch noch die Verbindlichkeiten gegenüber Siemens & Halske? Wie dem auch sei, bis zu seinem Tode am 30. Mai 1907 widmete er sich wieder der klassischen Fotografie.

Die Brüder Skladanowsky

Die Ehre, die Erfindung des Kinos ebenfalls maßgeblich vorangetrieben zu haben, fällt in Berlin auch noch den Brüdern Skladanowsky zu. Max (1863–1939) und Emil (1866–1945) führten ihre bewegten Bilder öffentlich zwar erst am 1. November 1895 im Berliner Wintergarten vor, also ein Jahr später als Anschütz, doch dafür handelte es sich bei ihnen nicht mehr um Diapositive, sondern bereits um kurze Filmstreifen.

Rundfunkempfänger, 1923

Von KW nach Gibraltar: Der Rundfunk in Deutschland

Bis in die Zeit vor dem Ersten Weltkrieg waren die drahtlose Telegrafie und die drahtgebundene Telefonie technisch weitgehend ausgereift und in der Anwendung breit eingeführt. Schon ein Jahr, nachdem der Amerikaner Alexander Bell 1876 erfolgreich seine Erfindung eines funktionstüchtigen Telefons vorgeführt hatte, stellte Werner Siemens in Berlin Telefone her. Vier Jahre später entstand in der Reichshauptstadt eine der ersten Vermittlungsstellen in Europa.

Den Grundstein einer drahtlosen Nachrichtenübermittlung hatten die Physiker Heinrich Hertz und Karl Ferdinand Braun gelegt, die beide auf einer Ausbildung in Berlin aufbauen konnten. Um die Jahrhundertwende wurde auch in Deutschland im Wettlauf mit dem Italiener Guglielmo Marconi schon fleißig gefunkt. Nach ersten Versuchen auf dem Gelände der Technischen Hochschule Charlottenburg gab es ein historisches Datum: Am 27. August 1897 stellten die Berliner Wissenschaftler Adolf Slaby und Graf Georg von Arco im Beisein von Kaiser Wilhelm II. die erste

Funkverbindung auf deutschem Boden her. Gefunkt wurde vom Turm der Heilandskirche in Sacrow bei Potsdam zur Matrosenstation an der Schwanenallee. Die Entfernung betrug 1,6 Kilometer.

Besonders für die Armee war die neue Technik von größtem Interesse. Seit 1903 wurde in der von AEG und Siemens & Halske gegründeten gemeinsamen Firma Telefunken an der ständigen Verbesserung von Aufnahme-, Sende- und Empfangstechnik getüftelt. Als der Erste Weltkrieg begann, war es schon möglich, mit den in weiter Ferne operierenden Truppen und über tausende Kilometer mit den Kolonien ohne Kabelverbindungen Informationen auszutauschen. In der Großfunkstelle Nauen und der Militärfunkstation Königs Wusterhausen gingen Heeresberichte und Telegramme ein und aus, per Funk lenkte man die deutsche U-Boot-Flotte.

Dann drängte sich ein weiterer Gedanke auf: Wie wäre es, wenn es gelänge, das in das Telefon gesprochene Wort oder auch Musik nicht nur einem Empfänger zu Gehör zu bringen, sondern sie einem größeren Hörerkreis drahtlos darzubieten?

Der Telefunken-Ingenieur Hans Bredow (1789–1959) hatte schon 1913 in New York solche Musikübertragungen vorgeführt. 1917 kam er an der Westfront auf die Idee, mit einem Röhren-Funksender versuchsweise Akkordeonmusik zu übertragen, die noch in Entfernungen von bis zu 60 Kilometer zu hören gewesen sein soll – weshalb solche Späße von der Heeresleitung umgehend verboten wurden. Im November 1919, inzwischen im Dienst des Reichspostministeriums, führte Bredow bei einem Experimentalvortrag die Übertragung von Sprache und Musik mit einem Röhrensender vor. Er prägte auch die Bezeichnung „Rundfunk“ dafür, ein Ausdruck, der sich bis heute gehalten hat, obwohl die Trägerwellen schon lange nicht mehr mit Funken oder Lichtbogen erzeugt werden. Es geht auf sein Drängen zurück, dass Postangestellte in Königs Wusterhausen am 22. Dezember 1920 erstmals ein Instrumentalkonzert mit Chorbegleitung selber vortrugen und über Langwelle „auf Sender“ brachten. Empfangsberichte aus Moskau, Karlsborg und Sarajewo stimmten optimistisch. Ein weiteres Konzert folgte Ostern 1921, und im Juli desselben Jahres wurde „Madame Butterfly“ aus der Berliner Staatsoper übertragen und sogar von einem deutschen Dampfer vor Gibraltar empfangen. Die nun regelmäßig über Langwelle ausgestrahlten Sonntagskonzerte der Postler ermöglichten immer weitere technische Verfeinerungen und verbreiteten den Gedanken an einen künftigen Rundfunk. Funkvereine und Radioclubs schossen aus dem Boden.

Schon 1920 wurde das dem Reichspostministerium unterstellte Telegraphentechnische Reichsamt für die forschungsseitigen, technischen und organisatorischen Vorarbeiten zur umfassenden Einführung des Rundfunks gebildet. Die wirtschaftlichen Verhältnisse erlaubten es jedoch erst 1923, einen offiziellen Sendebetrieb aufzunehmen. Am 29. Oktober wurde erstmals in Deutschland über Mittelwelle eine Sendung aus dem Berliner Haus des Medienkonzerns Vox in der Potsdamer Straße ausgestrahlt. Die Geburtsstunde des öffentlichen deutschen Rundfunks hatte geschlagen. Weitere Stationen auf dem weiteren Weg waren eine höhere Sendeleistung mit einer Antenne am Magdeburger Platz in Berlin, die erste Funkausstellung 1924 in Berlin, die Inbetriebnahme des Funkturms im Jahre 1926, der schrittweise Ausbau von Großsendern in allen Regionen Deutschlands. Parallel wuchs die Zahl der Rundfunkempfänger steil an, begünstigt durch die Produktion qualitativ immer besserer und vom Preis her erschwinglicher Empfangsgeräte.

Entgegen der sich in anderen Ländern andeutenden Entwicklung eines eher freizügigen Rundfunks setzte die deutsche Reichsregierung auf eine strenge staatliche Kontrolle bei Sendern und Empfängern, weil sie die Bri-

Radiogeräte aus Berlin

Mit dem neuen Medium entwickelte sich auch in Berlin die Produktion von Rundfunkempfängern mit weltweit neuen technischen Lösungen. Der in Ungarn geborene Ladislaus Leonid von Kramolin baute ab 1922 in Berlin-Pankow Radioapparate, die sich dadurch auszeichneten, dass man sie nach dem Baukastenprinzip schrittweise aufrüsten konnte. Seine Geräte verzichteten erstmals auf Anodenbatterien und Heizakkumulatoren, sie konnten problemlos an das öffentliche Stromnetz angeschlossen werden. Er verbesserte die Leistungsparameter der Verstärkerröhren und konzipierte 1928 das weltweit erste Radio mit zehn programmierbaren Tasten für die Senderwahl. Auch entwickelte er den Drehkondensator und andere wichtige Zubehörteile für Rundfunkempfänger.

Mit einer von Manfred von Ardenne (1907–1997) für Radios entwickelten und patentierten Dreifachröhre baute die Dr. S. Loewe AG Berlin einen preiswerten Ortsempfänger. Die daraus resultierenden Einnahmen nutzte Ardenne für die Entwicklung des ersten Breitbandverstärkers der Welt im Jahre 1925, der später Verwendung in der Fernseh- und Radartechnik fand.

sanz erahnte, was passieren würde, wenn der Rundfunk bei Revolten „in die falschen Hände" gelangte. Die gesamte technische Seite der Aufnahme und der Übertragung von Sendungen sollte daher für viele Jahrzehnte bei der damals staatseigenen Deutschen Post angesiedelt bleiben.

Bredow zeigt Zivilcourage

Hans Bredow war seit 1926 Reichsrundfunk-Kommissar und Vorsitzender der Reichs-Rundfunk-Gesellschaft. Er spielte eine exponierte Rolle in dem immer weiter verbreiteten neuen Medium. Er mag gewusst haben, welche propagandistische Aufgabe die Nazis dem Rundfunk zugedacht hatten. Illusionslos reicht er am Tage von Hitlers Ernennung zum Reichskanzler seinen Rücktritt ein. Als einige seiner engsten Mitarbeiter verhaftet wurden, bat er in Telegrammen an Hindenburg und Hitler um deren Freilassung, anderenfalls er deren Schicksal teilen wolle. Es war nicht die Art der neuen Machthaber, lange zu fackeln: Bredow wurde für 16 Monate in Berlin-Moabit in „Untersuchungshaft" genommen.

Lebensretter in letzter Minute: Das Fallschirmpaket

1889 hatte die damals 21-jährige Katharina Paulus (1868–1935) die Begegnung ihres Lebens: Während seines Auftritts im Wiesbadener Kurgarten lernte sie den Ballonfahrer und Fallschirmspringer Julius Lattemann kennen. Auf der Stelle war sie Feuer und Flamme, nicht nur für den Mann, sondern auch für dessen waghalsigen Beruf.

Die ausgebildete Näherin wurde umgehend seine Assistentin und erwies sich als äußerst geschickt und nützlich. Bald schneiderte sie für Lattemann sämtliche Ballonhüllen und Fallschirme. Am 27. August 1893 sprang „Käte" Paulus selbst zum ersten Mal vor Publikum aus einem Ballon ab. Damit war sie die erste deutsche und weltweit dritte Frau, die einen solchen Sprung wagte.

Ein Jahr später verunglückte Lattemann, der mittlerweile ihr Lebensgefährte und Vater ihres Sohnes geworden war, bei einem Ballonexperiment tödlich. Trotz des schweren Schocks gab Paulus nicht auf. Sie nannte sich

Käte Paulus, Autogrammkarte

von nun an „Miss Polly“ und wagte spektakuläre Absprünge, etwa den Doppelabsprung, den sie selbst erdacht hatte. Dabei benutzte sie zwei Fallschirme. Sobald sich bei einem Absprung der erste geöffnet hatte, löste sie ihn vom Körper und konnte nochmals frei fallen, bis sich der zweite Schirm öffnete.

Doch das Schicksal meinte es nicht besonders gut mit ihr. Ein Jahr nach dem Tod des geliebten Mannes starb ihr kleiner Sohn Willy an Diphtherie. Rastlos reiste sie nun mit ihren Vorführungen in Europa umher und absolvierte eine Vorstellung nach der anderen. In Berlin beeindruckte sie die Menschen besonders mit ihren Absprüngen im Park Schloss Charlottenburg. Mit immerhin schon 45 Jahren sprang sie 1913 in Tegel bei Berlin zum allerletzten Mal.

Gleichzeitig trieb sie Lattemanns nicht verwundener Unfalltod an, den Fallschirm durch technische Neuerungen immer sicherer zu machen. So war es nicht nur einer gehörigen Portion Glück zu verdanken, dass sie selbst bei Sprüngen und Ballonflügen nie ernstlich verletzt wurde. Peinlich genau wartete sie ihre Fluggeräte. 1912 richtete sie in Reinickendorf eine Werkstatt für Fallschirme und Ballonhüllen ein. Dort stellte sie auch ihre eigene Erfindung, den Paketfallschirm her. Dieser Kompaktfallschirm, nach einem ausgeklügelten System zum Paket gepackt, war leicht zu transportieren und stellte zudem sicher, dass sich die Leinen nicht mehr verhedderten. Durch ein Sollbruchband wurde beim Absprung der Verpackungssack aufgerissen und der Schirm freigegeben. Als erstes brauchbares Luftrettungsinstrument wurde der Paketfallschirm in der Schweiz patentiert.

Bei Kriegsausbruch 1914 übergab sie ihre Flugausrüstung der Heeresverwaltung und schlug vor, die Fahrer der Aufklärungsballons an der Front mit ihrem Fallschirmpaket auszurüsten. Durch ihre große Erfahrung mit Ballonfahrten und Fallschirmsprüngen galt Käte Paulus als Expertin auf diesem Gebiet. Trotzdem fand sie für ihre Idee zunächst kein Gehör. Erst als ab 1916 die Jagdflieger die Ballons an der Front nicht mehr beschützen konnten, wurde ihr vom Preußischen Kriegsministerium der Auftrag zur Produktion des „Käte-Paulus-Schirms“ erteilt. Ab jetzt fertigte sie im Auftrag des Heeres die von ihr erfundenen Paketfallschirme sowie die dazugehörigen Hüllen. Außerdem beriet sie die Ballonaufklärertruppen. Die Kriegsproduktion ihrer Werkstätten umfasste knapp 6.500 Fallschirme für Luftschiffer und Flieger sowie mehr als 1.000 Ballonhüllen. Ihre Fallschirme retteten vielen Ballonaufklärern das Leben. 1917 erhielt sie das Verdienstkreuz für Kriegshilfe.

Die Ersparnisse ihrer Arbeit investierte sie in Kriegsanleihen. So verlor sie mit der deutschen Niederlage ihr gesamtes Vermögen. Das Inkrafttreten des Versailler Vertrags, mit dem Deutschlands Armee radikal reduziert wurde, vernichtete ihre Existenzgrundlage. Von nun an lebte sie zurückgezogen zusammen mit ihrer Mutter bis zu deren Tod 1922 in einer Wohnung in Reinickendorf. 1935 starb Käte Paulus und wurde neben ihrer Mutter beigesetzt. 1971 hat der Berliner Senat ihr Grab in die Liste der Ehrengräber aufgenommen.

Liebesgabe für den Schützengraben: Das Teelicht

Im Ersten Weltkrieg tauchte in den deutschen Schützengräben ein Notlicht auf, das in Berlin kreiert und nach dem Oberkommandierenden des deutschen Heeres, Paul von Hindenburg, benannt worden war. Eine flache Schale aus fettgetränkter und damit wasserabweisender Pappe, Durchmesser etwa fünf bis acht Zentimeter, wurde mit fettigen Schlachtabfällen gefüllt und brachte, mit einem Docht versehen, für einige Stunden Licht. Bald fanden die „Hindenburglichte" auch an der „Heimatfront" Verwendung. Die verwendeten Fette dürften kein sehr angenehmes Aroma verbreitet haben. Deshalb befüllte man die Schälchen, als man wieder über höherwertige Rohstoffe verfügte, mit Paraffinen und Stearinen. Das Licht war eine echte Alternative zur teureren Kerze und erhielt daher nach dem Krieg, nunmehr in angemessener Umhüllung wie etwa geschliffenen Kristallständern einen Platz in den bürgerlichen Wohnstuben.

Hindenburglicht

der amerikanischen und der britischen Vereinigung zur Interflora. Zur Verrechnung der internationalen Aufträge wurde der Fleurin eingeführt, eine auf Schweizer Franken basierende Verrechnungseinheit. Signet ist, seinerzeit von den US-Amerikanern eingeführt, der Blumen bringende Götterbote Merkur.

Heute hat Fleurop mehr als 50.000 Partner in 150 Ländern. In Deutschland halten rund 8.500 Blumenhändler Aktien der Non-Profit-Aktiengesellschaft, deren Gewinne ins Marketing gesteckt werden. Über sie wird hierzulande alle acht Sekunden ein Fleurop-Strauß verschenkt, und mit Sicherheit bringen die Blumen noch immer Freude ins Haus – wie bei jener Dame aus Potsdam, die sich 1908 als erste Empfängerin eines Fleurop-Straußes über den Gruß eines Berliner Verehrers gefreut haben soll.

Was zieht der Edelmann beim Mädel an? Das nahtlose Kondom

Kondome sind keine Erfindung der Neuzeit. Schon die alten Ägypter benutzten sie, wohl weniger zur Verhütung von Schwangerschaften als zum Schutz vor sexuell übertragbaren Krankheiten. Sogar auf prähistorischen Höhlenmalereien will man „Verhüterlis" erkannt haben. Der Name Kondom geht möglicherweise auf den findigen Hofarzt Dr. Condom des englischen Königs James II. zurück, der seinen allzu promisken Herrn vor Schaden bewahren wollte. Diese Verbindung nach England erklärt vielleicht den französischen Namen "redingote anglaise", „englischer Reitmantel", ohne den auch der legendäre Liebhaber Casanova angeblich nie ans Werk ging. Allerdings wird „Dr. Condom" sogar vom „Brockhaus" nur als vage historische Möglichkeit genannt. Nicht unwahrscheinlich klingt die Ableitung vom italienischen „con" (mit) und „doma" (Haus, Kuppel).

Als Material für Kondome wurde zunächst alles mögliche verwendet, was heute zum Teil wenig brauchbar erscheint: Tierdärme, Fischblasen, aber auch Leinenhüllen und Ölpapier. Luxusausführungen wurden mit Samt und Seide gefüttert. Sie wurden im Übrigen mehrfach benutzt, gereinigt, getrocknet und, wenn nötig, mit Knochenleim und Tierdarm repariert.

Revolutioniert wurde das Kondom durch die Entwicklung eines Verfahrens, das den Pflanzensaft Kautschuk dauerhaft elastisch machte: die Vulkanisierung. Der Amerikaner Charles Goodyear, der es 1839 entwickelte,

Doch bald saß man im nächsten Krieg wieder in Schützengräben, Bunkern und Kellern beim Hindenburglicht, wo es bei Stromsperren und Verdunkelung gute Dienste leistete. Die leicht verbesserte Variante in der Blechdose wurde als Liebesgabe in Päckchen an die Front geschickt, spendete Licht und so viel Energie, um sich wenigstens die Hände daran wärmen zu können. In der schlimmsten Not ersetzte das Hindenburglicht schon einmal den Weihnachtsbaum.

Erst nach dem Zweiten Weltkrieg wanderte das kleine Licht ins Stövchen, das den Tee wärmt und bis dahin, ähnlich wie alte Bügeleisen, mit glühendem Holz befeuert worden war – und da soll es bitteschön auch bleiben!

Klein, aber oho: Der Knirps

Ein Schirm schützt. Vor Sonne, Regen oder Bankenkrise. Er ist jahrtausendealtes Machtsymbol, kann Kunstobjekt sein, ähnlich wie der Fächer als Instrument einer heimlichen Flirtsprache dienen – und der Robert aus dem „Struwwelpeter" konnte mit einem Schirm sogar fliegen.

Als Gebrauchsgegenstand hat er sich in Europa vergleichsweise spät etabliert. Der Sonnenkönig Ludwig XIV. besaß immerhin schon elf Sonnenschirme und drei Regenschirme. Jonas Hanway, der Mann, der den Regenschirm aus Frankreich ins niederschlagreiche England mitbrachte, wurde zunächst verhöhnt und verspottet. Erst 1787 erlaubte die Royal Society offiziell das Tragen eines Schirms bei Regen. Der wog damals stolze fünf Kilogramm und bestand aus einem Gestell aus Holz oder Fischbein, das mit Baumwolle oder Leinwand bespannt wurde. Das Stahlgestell, das der Engländer Samuel Fox 1852 erfand, machte den Schirm gebrauchsfähiger. Gerollt konnte er nun in einem Futteral, beispielsweise aus Bambus, verschwinden, was ihn zum Spazierstock umfunktionierte. Unhandlich war er letztlich immer noch.

Bereits 1914 ließ der damals in Berlin lebende Hans Haupt (1898–1954) erste Patentansprüche für einen Schirm schützen, dessen Stock und Dachstangen sich teleskopartig ineinanderschieben ließen, so dass am Ende nur ein kleines Paket zu verstauen war. Der Knirps war geboren. Immer weitere Verbesserungen folgten, doch Haupt konnte niemanden zur

Schirmauslage, 1950er Jahre

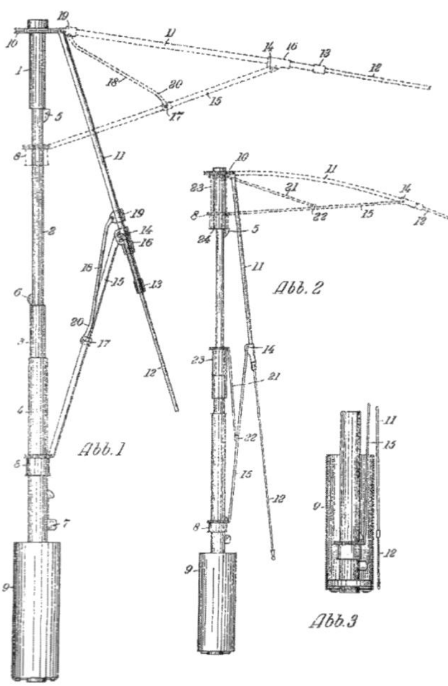

Massenproduktion seines Schirms bewegen. Um 1930 versuchte er es in Berlin mit einer eigenen Taschenschirm Knirps GmbH, die aber offenbar keinen Erfolg hatte. Erst der Solinger Fabrikant Fritz Bremshey erkannte die Marktchancen des Kleinen. Er brachte ihn 1932 für 12,50 RM auf den Markt, und unter seiner Regie wurde der faltbare Taschenschirm ein Weltschlager, dessen Bezeichnung einer ganzen Produktgruppe den Namen gab. Bis heute zeichnet sich nur der wahre Knirps durch ein sanft gerundetes Dach ohne Ecken aus.

Patentzeichnung des Knirps, 1930

Preußische Ordnung: Die DIN-Norm

Die technische Revolution führte auch in Deutschland zu einer stürmischen Entwicklung des Maschinenbaus. Mit Firmen wie Borsig und Siemens an der Spitze wurde Berlin bald eines der Zentren der metallverarbeitenden Industrie, die AEG war führend in der Elektrotechnik. Trotz dieser rasanten Fortschritte war noch bis in die Zeit des Ersten Weltkrieges von einer Normierung von Schrauben, Ketten, Wellen, Lagern und Ventilen keine Rede. Jeder Konstrukteur, jeder Maschinenfabrikant verwendete eigene Formate, die manchmal sogar für das jeweilige Produkt gesondert angefertigt wurden. Anfangs war eine solche Vielfalt gar nicht so unerwünscht, da auf diese Weise die Nachahmung eines Produkts erschwert war. Bald aber zeigte sich die Diversität als ein Hemmnis sowohl bei den Produzenten als auch bei den Verbrauchern.

Es verwundert nicht, dass gerade in der Zeit des Ersten Weltkrieges diese Problematik zu einer Lösung drängte. Um schnell, in großen Stückzahlen und billig Waffen zu produzieren, wurden viele Fabriken arbeitsteilig als Zulieferer eingespannt, die in Friedenszeiten Produkte für den zivilen Gebrauch erzeugt hatten. Ohne Normung und ohne strenge technische Vorschriften für den Austauschbau war dies nicht möglich. Die Heeresleitung bildete daher 1917 das „Königliche Konstruktionsbüro für Infanterie“ und ein entsprechendes für Artillerie, angesiedelt in Spandau bei Berlin an der dortigen Gewehrfabrik.

Normenausschüsse trugen zunächst bereits existierende betriebliche Normen zusammen und beschlossen dann im Verbund mit dem Verein Deutscher Ingenieure die planmäßige Entwicklung übergreifender Nor-

08/15

Eine besonders verbreitete deutsche Waffe des Ersten Weltkrieges war das Maschinengewehr der Marke Maxim aus dem Jahre 1908, das 1915 noch einmal erheblich verbessert wurde. Aus den beiden Jahreszahlen wurde die offizielle Bezeichnung MG 08/15 abgeleitet. Das erste Bauteil einer Waffe, das im Königlichen Fabrikationsbüro für Infanterie genormt worden ist, war ein besonderer Metallstift des Schlosses dieses MG – geregelt in DIN 1. Damit war die Scherzbezeichnung für „08/15“ für „gewöhnlich“, „allgemein“ und „durchschnittlich“ geboren.

Haus der Normung, Berlin

men. Daraus entwickelte sich der DIN-Ausschuss. Die Deutsche Industrie-Norm war international ein Novum und breitete sich bald auch auf andere Bereiche aus, so etwa auf die Gestaltung technischer Zeichnungen und deren eindeutige Bemaßung. Besondere Bedeutung erlangten dabei Messtechnik und Qualitätskontrolle.

Die wirtschaftliche Bedeutung der Normung und des Austauschbaus ist gar nicht hoch genug einzuschätzen: Allein für das Jahr 1928 hat man eine Einsparung von 8,5 Milliarden Reichsmark für die deutsche Wirtschaft errechnet. Dazu trug bei, dass nunmehr die Produktion von Maschinenelementen und einzelnen Baugruppen in Spezialbetriebe ausgelagert und dort wesentlich effizienter hergestellt werden konnten und sich schließlich die Lagerhaltung bei den Produzenten und den Abnehmern im erheblichen Maße verminderte.

TGL

Das Gegenstück zur DIN-Norm war in der DDR die TGL. Diese Technischen Güte- und Lieferbedingungen galten nicht auf freiwilliger Basis wie die DIN, sondern waren Vorschrift. Zunächst weitgehend auf den DIN-Normen beruhend, wurden später verstärkt RGW-Standards berücksichtigt. DIN-Geschäftsstellen in Ostberlin, Jena und Ilmenau wurden nach dem Mauerbau geschlossen. Seit 1990 ist die DIN wieder in ganz Deutschland gültig.

Im Selbstversuch erprobt: Der Herzkatheter

Mitte der 1920er Jahre bekam der Medizinstudent Werner Forßmann (1904–1979) ein Lehrbuch der Physiologie von 1863 in die Hände. Auf einem alten Stich wurde einem Pferd von der Halsvene ein fingerdickes Rohr in das Herz eingeführt. Konnte dies auch bei Menschen funktionieren? Die allgemeine Lehrmeinung war, dass das Herz auf die Einführung eines Fremdkörpers mit Stillstand reagieren würde.

So ist es nicht verwunderlich, dass Forßmann 1929, inzwischen Assistenzarzt in Eberswalde, von seinem Chef keinen Patienten für einen Versuch zur Verfügung gestellt bekam und ihm auch ein Selbstversuch strengstens untersagt wurde. Als sich ihm die Krankenschwester Gerda Ditzen als Testperson anbot, handelte Forßmann trotz Verbotes, jedoch anders, als Ditzen erwartete. Sobald die Instrumente griffbereit waren, forderte er sie auf, sich auf den Operationstisch zu legen. „Das Instrumententischchen hatte ich hinter das Kopfende geschoben, damit sie nicht sehen konnte, was ich tat. Im Handumdrehen hatte ich meine linke Ellenbeuge anästhesiert und ging nun zu ihr, um ihre Ellenbeuge umständlich abzujoden und ein steriles Schlitztuch aufzulegen. Alles recht langsam und bedächtig, um Zeit zu gewinnen. Als ich merkte, dass meine Betäubung wirkte, durchtrennte ich mir schnell die Haut, fuhr unter dem Gefäß mit einer Dechampschen Unterbindungsnadel durch, eröffnete es und schob den Katheter etwa 30 Zentimeter weit hinein.“ Im Röntgenkeller schob er sich den Katheter bis zur 60-Zentimeter-Marke. Da war der Katheter im Herzen und mit der Spitze im rechten Vorhof, genau wie er sich das vorgestellt hatte. Als dokumentarischen Beweis ließ er Röntgenaufnahmen machen.

Sonderbriefmarke Werner Forßmann, 2006

Obwohl Forßmann gegen ausdrückliches Verbot gehandelt hatte, unterstützte sein Vorgesetzter die Veröffentlichung des Experiments und verschaffte ihm für einige Wochen eine unbezahlte Stelle bei Ferdinand Sauerbruch an der Berliner Charité. Als jedoch am 5. November 1929 in der „Klinischen Wochenschrift“ die Arbeit „Über die Sondierung des rechten Herzens“ erschien, bestellte Sauerbruch Forßmann zum Gespräch und forderte ihn auf, die Klinik sofort zu verlassen. „Mit solchen Kunststücken habilitiert man sich in einem Zirkus und nicht an einer anständigen deutschen Klinik", so seine Worte.

Zwar holte ihn Sauerbruch 1931 nochmals aus Eberswalde in seine Klinik zurück, doch fühlte sich Forßmann, der inzwischen in einem zweiten Selbstversuch die Unbedenklichkeit der Verwendung von Kontrastmitteln bei der Herzkatheter-Untersuchung demonstriert hatte, nicht genügend unterstützt und verließ Berlin. Aber auch anderswo interessierte sich niemand für seine wagemutigen Experimente.

Was Forßmann nicht wusste: Die in den USA tätigen Forscher André Frédéric Cournand und Dickinson William Richards griffen 1941 bei ihren Forschungen zur Herzkatheteruntersuchung am Menschen auf seine Erkenntnisse zurück. Ihre erste Veröffentlichung begannen sie fair mit den Worten: „The German Forsmann was the first, who ..." Gemeinsam mit Cournand und Richards erhielt er 1956 mit dem Nobelpreis für Medizin endlich die gebührende Anerkennung.

Heute ist der Herzkatheter bei der Diagnose und Behandlung von Herz- und Kreislauferkrankungen nicht mehr wegzudenken. In Deutschland werden jährlich rund 800.000 Herzkatheter-Untersuchungen vorgenommen.

Hilft auch im Dunkeln: Die Spalttablette

1932 kam in Berlin eine Kopfschmerztablette auf den Markt, die sich in ihrer Zusammensetzung kaum von ähnlichen Produkten unterschied. Deshalb gelang es auch nicht, sie als Erfindung patentieren zu lassen. Eingetragen aber wurde ein Wort-Bild-Warenzeichen, das sich auf die Gestalt der Tablette bezog. Und ausgehend von diesem besonderen äußeren Merkmal, gelang es tatsächlich, ein Produkt zu platzieren, das sich seit fast acht Jahrzehnten trotz erheblicher Weiterentwicklung des medizinischen Erkenntnisstandes und eines immer vielfältiger werdenden Medikamentenangebots auf dem Markt hält: die Spalttablette.

Der Mann, der diese Erfolgsgeschichte auf den Weg brachte, war Leo Maximilian Baginski (1891–1964). 1905 war er als 14-jähriger nach Berlin gekommen. Schon kurz nach der Kaufmannslehre machte er seine erste Erfindung, den „Universal-Flaschen-Kapseler ‚Herkules'", ließ sich den Apparat patentieren, kündigte seine Anstellung und gründete als 19-jähriger mit einem Startkapital von 100 Mark in Berlin-Oberschöneweide seinen ersten Betrieb. Damit begann eine beeindruckende Fabrikantenkarriere. Anfang der 1930er Jahre nannte Baginski fünf medizinisch-kosmetische Firmen sein eigen, die 1934 zur Prof. Dr. med. Much'sche Präparate AG chemisch-pharmazeutischer Erzeugnisse zusammengefasst wurden. Der wirtschaftliche Erfolg hielt ihn nicht davon ab, 1928 eine Reise in die USA machen, um die dortige Produkt- und Firmenwerbung genauer zu studieren.

Spaltwerbung, 1940

Bei der Einführung der Spalt-Tablette kamen all seine Erfahrungen zum Einsatz. Als Erfinder nannten die Anzeigen einen gewissen Prof. Dr. med. J. Ferrua, dessen Identität heute nicht mehr zu klären ist und dessen sich Baginski möglicherweise nur bedient hat, um der Rezeptur wissenschaftliches Renommee zu verschaffen. Bereits 1931 hatte Baginski Prof. Dr. Hans Much, eine schillernde Wissenschaftler- und Dichterpersönlichkeit, als Geschäftspartner gewonnen, um unter dessen Namen medizinische Produkte zu vertreiben. Mit der Entwicklung der Spalt-Tablette hatte aber auch Much wohl nichts zu tun.

Wer auch immer die genaue chemische Zusammensetzung kreiert hat, Baginski selbst wird der schöne Satz zugeschrieben: „Sagen Se mal Meester, könn' Se en Loch in 'ne Tablette machen, oder 'ne Kerbe oder sonst wat, det man im Dunkeln fühlen kann, wat es is." So kam der Spalt in die Tablette, deren Verkauf am 21. Juni 1932 in allen Berliner Apotheken startete. Im Handumdrehen war sie vergriffen. Im ersten Jahrzehnt nach ihrer Einführung wurde sie mit unglaublichen 1,37 Millionen Reichsmark beworben. Dabei wurden ganz unterschiedliche Personengruppen ins Visier genommen: die unter Migräne leidende Hausfrau, der Kater-geplagte Mann, der Kriegsversehrte. Die Werbung war so schmissig, dass der Werberat und die Fachgruppe pharmazeutischer Erzeugnisse monierten, dass damit dem Nikotin- und Alkoholmissbrauch geradezu Vorschub geleistet und für ein medizinisches Präparat „nicht der richtige Ton getroffen" werde. Doch gerade dadurch prägte sich die Spalt-Tablette dem deutschen Verbraucher unauslöschlich ein. Mit sich im Laufe der Jahre verändernder Zusammensetzung wurde sie auch im Ausland vertrieben. Nur die Einführung der „Split-Tablets" in den USA, um die man sich einige Zeit bemüht hatte, scheiterte am dortigen Medikamentengesetz.

Nach dem Zweiten Weltkrieg begann Baginski, der in Besitz aller Warenzeichen verblieben war, mit der Prof. Dr. med. Much AG in Bad Soden eine neue Produktion. Doch auch in Ostberlin wurde die Spalt-Tablette weiter hergestellt. Allerdings ließ man, wohl im Zusammenhang mit Protesten Baginskis, den charakteristischen Spalt weg. Heute wird die Spalt-Tablette durch die Whitehall-Much GmbH von Münster aus vertrieben.

Forschung und Moral

Rudolf Hell, der Erfinder des Faxgerätes, bringt es auf den Punkt: „Während der Künstler weitgehend unabhängig von der gegenwärtigen Kunst Neues schaffen kann, ist der Ingenieur darauf angewiesen, auf dem vorhandenen Wissen und der Technik aufzubauen. Es ist somit die Arbeit des Einzelnen die Fortsetzung einer Kette von Forschungsarbeiten, an der viele Wissenschaftler beteiligt sind, wobei oft Ähnliches, manchmal sogar zur gleichen Zeit an verschiedenen Orten entsteht." Im Zuge des technischen und wissenschaftlichen Fortschritts wird es immer schwieriger, als einzelner sozusagen voraussetzungslose Erfindungen zu machen. Immer deutlicher sind die Endprodukte Resultate langwieriger Entwicklungen, die im internationalen Kontext gemacht werden. Manchmal geht es nur um die Hinzufügung eines kleinen, aber umso bedeutsameren Mosaiksteinchens, die eine neue Ära anbrechen lässt.

Forschung in Berlin und Brandenburg steht in der Zeit des Nationalsozialismus unter keinem guten Stern. Herausragende Wissenschaftler schlagen mit ihren Erfindungen ein neues Kapitel in der Menschheitsgeschichte auf, doch stellen sie sich gleichzeitig in den Dienst eines unmenschlichen Systems. Sie lassen es zu, dass ihre Leistungen propagandistisch missbraucht werden, oder werden direkt von der Kriegsmaschinerie der Nazis bezahlt. Sie verschließen die Augen davor, dass Forscherkollegen nichtarischer Herkunft entlassen und verfolgt werden – oder sind sogar nicht undankbar über die nunmehr geringere Konkurrenz.

Viele von ihnen nehmen anschließend für sich in Anspruch, nur ihrer Arbeit gelebt zu haben. Dieser Argumentationslinie wird in etlichen Fällen von den Siegermächten nur allzu gern gefolgt, macht es doch die nahtlose Einbindung der Forscher in die jeweiligen politischen Systeme, die sich bald unversöhnlich gegenüberstehen werden, möglich. Die Verfälschung historischer Tatsachen durch die Nationalsozialisten und die Mythenbildung nach der Zerschlagung des faschistischen Systems verstellen zuweilen bis heute den Blick auf die wirklichen Geschehnisse rund um eine Erfindung.

Eine Erfindung mit vielen Vätern: Das Fernsehen

Am 1. Mai 1935 feierte die Reichsrundfunkkammer in NS-Propaganda-Manier „den 74-jährigen Arbeiter und Erfinder" eines neuen Weltwunders und machte ihn zum Ehrenpräsidenten der Fernsehgemeinschaft. Gemeint war der 1860 in Pommern geborene, 1882 zum Studium nach Berlin gekommene und dort hängengebliebene Paul Julius Gottlieb Nipkow (1860–1940). Zu seinem 75. Geburtstag schenkte ihm Telefunken einen der ersten elektronischen Fernsehempfänger, die Frankfurter Universität machte ihn zum Ehrendoktor, die Reichspost übergab ihm neben einer beträchtlichen Summe einen monatlichen „Ehrensold", und der 1935 eingerichtete erste reguläre Fernsehsender der Welt in Berlin erhielt den Namen „Paul Nipkow".

Bei allen diesen Ehrungen bestünde eigentlich kein Grund, daran zu zweifeln, dass Nipkow tatsächlich der Vater des Fernsehens war. Aber wie das oftmals bei solchen komplexen Erfindungen ist: Der Erfolg hat viele Väter. Schon in der Frühzeit der Telefonie und der Fotografie versuchten sich etliche Tüftler damit, eine Art Bildtelefon zu entwickeln. Über dessen Einzelelemente war sich schon 1880 der Franzose Alexander Bain theoretisch im Klaren: die Umwandlung von Licht in elektrische Impulse, das Abtasten des Bildes in Einzelelementen, die Synchronität von Sender und Empfänger, die Rückwandlung der Stromimpulse in Licht,

Versuchsanordnung zur Nipkow-Scheibe, 1920er Jahre

ein Schirm zur Sichtbarmachung des Bildes. Aber wie sollte das gehen? Nipkow entwickelte eine praktikable Lösung. Mit Hilfe einer rotierenden Metallscheibe mit spiralförmig angeordneten Löchern, der sogenannten „Nipkow-Scheibe", wurde das Bild abgetastet, und Lichtsensoren vollzogen die Umwandlung von Licht in Strom. Nipkow meldete hierfür 1885 ein Patent an. Da jedoch die praktische Umsetzung zu viele Probleme aufwarf, geriet das Patent in Vergessenheit, und der Erfinder verlor irgendwann seinen patentrechtlichen Schutz. Er selbst befasste sich nunmehr mit der Konstruktion von Signaltechnik für die Eisenbahn.

45 Jahre später führte der Ungar Dénes von Mihaly auf der Funkausstellung 1928 in Berlin ein funktionstüchtiges Fernsehgerät mit Nipkow-Scheibe und einer Bildgröße von vier mal vier Zentimeter (!) dem Publikum vor. Damit war die Machbarkeit des „mechanischen" Fernsehens aufgezeigt. Doch gleichzeitig wurden auch seine Grenzen deutlich: mechanische Schwierigkeiten, geringe Bildauflösung und niedrige Lichtausbeute. Trotz verschiedener Bemühungen, durch mehrere Scheiben und rotierende

Blenden sowie durch den Einsatz von Linsen statt Löchern die Qualität des „Nipkow-Fernsehens" zu verbessern, wurde nur wenige Jahre mit der Nipkow-Scheibe gearbeitet.

Als sehr viel erfolgversprechender erwies sich der technische Ansatz von Manfred von Ardenne, der damals in einem kleinen Laboratorium für Elektronenphysik in Berlin-Lichterfelde zu Anwendungsmöglichkeiten der Braunschen Röhre forschte. Auf deren Grundlage entwickelte er einen elektronischen, zeilenweise arbeitenden Leuchtschirmabtaster für die Aufnahme- und die Wiedergabeseite. Vorgestellt auf der Funkausstellung 1931, wurde dieses Verfahren weiterentwickelt und in praxistaugliche Geräte überführt unter nicht unmaßgeblicher Mitarbeit von Siegmund Loewe (1885–1962), Inhaber der Dr. S. Loewe AG – und Jude. Obwohl im ersten deutschen Fernsehsender dieses elektronische Verfahren zur Anwendung kam, wurde der 1934 gegründete Sender ein Jahr später „Fernsehsender Paul Nipkow" getauft, sozusagen um die deutschen Wurzeln des Mediums zu betonen. 1938 wurde Loewes Unternehmen arisiert, er selbst emigrierte in die USA.

Trotz erheblicher Schwierigkeiten bei der Produktion und trotz unausgereifter Übertragungstechnik hatte man sich mit der Eröffnung des Senders sehr beeilt, um dem regelmäßigen Sendebetrieb der BBC zuvorzukommen. Was Hitler generell von dem neuen Medium hielt, führte er bei einem seiner berühmt-berüchtigten Tischgespräche, aufgezeichnet von Henry

Erstes Fernsehen

Der Sender „Paul Nipkow" befand sich zunächst im Haus des Rundfunks und später im Deutschlandhaus in Berlin-Charlottenburg. Das Programm wurde über UKW übertragen und war daher nur im Berliner Raum zu empfangen, über Breitband später auch in Potsdam, Leipzig und Hamburg. Fernsehgeräte waren zudem noch äußerst kostspielig und so in kaum einem Privathaushalt vorhanden. Die Reichspost richtete daher öffentliche Fernsehstuben ein, die erste schon 1935 im Reichspostmuseum. In solchen Fernsehstuben verfolgten im Sommer 1936 rund 160.000 Zuschauer die Live-Übertragungen der Olympischen Spiele in Berlin, aufgenommen mit 2,20 Meter langen und bis zu 150 Kilogramm schweren Kameras, die ihren Namen „Fernseh-Kanone" zu Recht trugen. Bedient wurden sie unter anderem von ihrem Konstrukteur, dem jungen Telefunken-Ingenieur Walter Bruch, der später das PAL-System, noch immer Sendenorm für das Farbfernsehen in fast ganz Europa, entwickelt hat.

Picker, am 17. Juli 1942 aus: „Was den Drahtfunk (...) vom Standpunkt der Staatsführung aus geradezu als ideal erscheinen lasse, sei, dass er den zuständigen Stellen die Möglichkeit gebe, den Empfang zu regulieren. In der Sowjetunion z. B. habe der Ortskommissar die Sender eingestellt, deren Programm die Ortsbewohner hören sollten; fremdländische Propagandaeinflüsse seien so von vornherein ausgeschaltet worden (...) In Zukunft dürfte die Einführung des Drahtfunks in Deutschland eine absolute Selbstverständlichkeit sein. Denn keine vernünftige Regierung werde sich ihr Volk von einer anderen vergiften lassen. Sonst könnte man ja auch 100 oder 1.000 Propagandisten einer feindlichen Macht hereinnehmen und öffentlich auftreten lassen, um das deutsche Volk zu zersetzen und gegen seine Führung aufzuputschen."

Tatsächlich haben die Nationalsozialisten die neuen Medien hinlänglich zur Verbreitung ihrer Ideologie genutzt. Dass Funk und Fernsehen an Grenzen nicht halt machen, prädestiniert sie aber gleichermaßen, unterdrücktes Gedankengut in von ihren Machthabern abgeschirmte Länder zu transportieren – eine Erfahrung, die die DDR-Bürger zu Zeiten der deutschen Teilung immer wieder gemacht haben.

Nipkow und Ardenne

Auch zu seinen 80. Geburtstag 1940 wurde Nipkow mit Geschenken und Glückwünschen überhäuft. Seine Tochter Elisabeth berichtete später: „Als die Gratulanten die kleine Wohnung verlassen haben, ist sie angefüllt mit Blumen und Geschenkkörben. Vater rückt seinen Schemel ans Fenster, um den Glücksbringern nachzuwinken. Das Ungewohnte, die Freude und die Aufregung haben ihn schwindlig gemacht (...) Er stürzt und schlägt mit dem Hinterkopf auf den Fußboden. Ohnmächtig bringt man ihn ins Lazaruskrankenhaus. Zwei Tage später stirbt er, ohne das Bewusstsein wiedererlangt zu haben."

Und Ardenne? Er ist in seinem Laboratorium weiter sehr produktiv, auch während des Krieges. Als die Sowjetarmee einmarschiert, folgt er der Aufforderung zu einer Reise in die Sowjetunion. Währenddessen wird sein gesamtes Labor in einer Nacht-und-Nebel-Aktion an das Schwarze Meer verlegt. Dort leistet er Vorarbeiten für die Entwicklung der Wasserstoffbombe. Dafür erhält er den hochdotierten Stalinpreis. Erst 1954 darf er in die DDR zurückkehren und baut in Dresden ein leistungsfähiges und – das ist in der DDR einmalig – privates Forschungsinstitut auf.

Ruska und sein Assistent Knoll beim Justieren des Elektronenmikroskops, 1930er Jahre

Kleine Welt ganz groß: Das Elektronenmikroskop

Es waren wohl Brillenschleifer aus Holland, die um 1600 parallel sowohl das Mikroskop als auch das Teleskop erfanden. Wenn sie nämlich, um den Schleifvorgang zu kontrollieren, eine Lupe benutzten und sich beide Linsen zufällig im richtigen Abstand befanden, kam es zu einem Fernrohreffekt. Auf der Grundlage dieses Prinzips baute dann Galileo Galilei 1609 ein aus einer konvexen und einer konkaven Linse zusammengesetztes Mikroskop. Darunter kamen ungeahnte Lebewesen und Strukturen zum Vorschein, die die Neugier ihrer Betrachter weckten.

Von diesem Zeitpunkt an ging die Entwicklung stürmisch voran. Die immer feineren Präparate wurden beleuchtet und schließlich sogar fotografisch festgehalten. Um die Wende zum 20. Jahrhundert wiesen die Mikroskope des Forschergespanns Carl Zeiß, Ernst Abbe und Otto Schott aus Jena eine Leistungsfähigkeit von etwa 2.000-facher Vergrößerung auf. Damit waren die Grenzen der Mikroskope, die mit natürlichem Licht arbeiteten, erreicht. Zwei Punkte lassen sich unterm Lichtmikroskop nämlich nur dann noch unterscheiden, wenn ihr Abstand größer ist als die halbe Wellenlänge des verwendeten Lichts. Wie nun aber weiter?

Mikroskope mit einer weiteren Vergrößerung waren nur dann möglich, wenn man von den Lichtwellen zu kurzwelligeren Strahlen überging. Solche Strahlen konnten seit 1897 mit der nach ihrem Erfinder Karl-Ferdinand Braun benannten Röhre erzeugt werden, in der von der Katode durch große Hitze und/oder ein starkes elektrisches Feld unter den Bedingungen eines Vakuums Elektronen herausgeschleudert und zu einem Strahl gebündelt werden. Braun hatte diese allein für den Zweck entwickelt, auf einer fluoreszierenden Fläche den sinusförmigen Verlauf des Wechselstroms abzubilden. Er hat sich wohl kaum denken können, dass auf dieser Röhre später so bedeutende Entwicklungen wie das Fernsehen, die Radartechnik oder eben auch die Elektronen-Mikroskopie aufbauen würden.

An der Technischen Hochschule Berlin am Institut für Hochspannungstechnik leitete seit 1927 der Wahlberliner Max Knoll (1997–1969) eine Arbeitsgruppe für Elektronenforschung. Mit seinem Mitarbeiter Ernst Ruska (1906–1988) entwickelte er das Konzept eines Mikroskops auf der Basis der Braunschen Röhre. Mit Hilfe der „Elektronenlinse" von Hans Busch konnten die in der Braunschen Röhre erzeugten Katodenstrahlen analog den Lichtstrahlen gelenkt werden. Ein Versuchsmuster bestätigte Ruska und Knoll 1931 die Richtigkeit ihrer Ideen. Freilich erreichten die ersten Bilder bei weitem nicht die Leistungsfähigkeit guter Lichtmikroskope. Erst nach einer Reihe von Verbesserungen ging das Gerät, das noch immer einer Rakete ähnlicher war als einem Mikroskop, 1938 bei Siemens & Halske in die Serienfertigung. Damit war es nun erstmals möglich, Viren oder molekulare Strukturen sichtbar zu machen.

Manfred von Ardenne kam 1937 auf eine weitere elegante Lösung: das Abtast-Elektronenmikroskop, bei dem das Objekt mit einem Katodenstrahl kleinsten Querschnitts zeilenweise abgetastet wird. Darauf aufbauend, entwickelte er 1940 sein Universal-Elektronenmikroskop.

Die Entwicklung blieb danach nicht stehen. Inzwischen gibt es Ionenstrahl-, Ultraschall- und Laserstrahl-Mikroskope, Neutronen- und Röntgenmikroskope, um nur einige zu nennen. Moderne Mikroskope können inzwischen Objekte sogar dreidimensional abbilden – und wer weiß, was wir noch alles zu sehen bekommen.

Wachhund des Atomzeitalters: Der Geigerzähler

Wer hat es nicht wenigstens im Film oder Fernsehen schon einmal gehört, dieses trockene Knacken, das zu einem heftigen Trommelfeuer anschwellen kann und damit etwas nicht Sichtbares anzeigt: die Kernstrahlung. Wie gefährlich diese ist, erfuhren schon die ersten Wissenschaftler, die um 1900 auf diesem Gebiet arbeiteten, so etwa Marie Curie, die lange Jahre krank war, bis sie an einer durch die Strahlung ausgelösten Leukämie verstarb. Die Notwendigkeit eines möglichst einfach zu handhabenden Nachweisgerätes war also nicht nur von wissenschaftstheoretischer, sondern unbedingt auch praktischer Bedeutung. Entwickelt hat es, und zwar in mehreren Stufen, der deutsche Physiker Hans Geiger (1882–1945). Bereits 1912 baute er mit Ernest Rutherford (1871–1937), bei dem er seit 1907 im physikalischen Institut in Manchester arbeitete, einen sogenannten Kugelzähler, einen erfolgreich arbeitenden Apparat, den Geiger selbst aber als „Zufallstreffer" bezeichnete, weil es den beiden Forschern nicht gelingen wollte, ihn nachzubauen. Bei weiteren Experimenten entwickelte Geiger 1913, inzwischen an der Physikalisch-Technischen Reichsanstalt im damals noch nicht eingemeindeten Charlottenburg bei Berlin tätig, ein Spitzenzähler genanntes Gerät. Erst 1928, nachdem er an der Christian-Albrechts-Universität in Kiel Professor für Experimentalphysik geworden war, gelang ihm mit seinem Doktoranden Walther Müller (1905–1979) die Entwicklung des Geiger-Müller-Zählrohrs, das dann als Geigerzähler bekannt wurde und breiteste Verwendung fand.

Werbeanzeige für den Geigerzähler, 1962

Das Instrument, das am 7. Juli 1928 auf einer Tagung des Gauvereins Niedersachsen der Deutschen Physikalischen Gesellschaft in Kiel vorgestellt wurde, funktioniert folgendermaßen: In einem zentimeterdicken, mit Luft oder Argon und Alkoholdampf gefüllten Metallrohr ist ein Draht gespannt. Zwischen Draht und Metallrohr liegt Hochspannung an. Trifft ionisierende Strahlung ins Rohrinnere, so verursachen die von ihr erzeugten Ionen einen elektrischen Entladungsstoß, der, elektroakustisch verstärkt, als Knacken hörbar wird bzw. mit einem Zeigerausschlag sichtbar gemacht werden kann. Die Zahl der ins Rohr fallenden Teilchen zeigt die Intensität der Strahlung an.

Hans Geiger

Geiger kann zu Recht als Pionier der Kernphysik bezeichnet werden. Dieses Thema hat er in seiner Zeit bei Rutherford für sich entdeckt. Bereits 1907/08 wies er die statistische Natur des radioaktiven Zerfalls nach. Seine Arbeiten über das Wesen der Alphateilchen hatten großen Einfluss auf das 1911 von Rutherford aufgestellte Atommodell. Seine Haltung zum Nationalsozialismus ist durchaus umstritten. Während bekannte Physiker wie Lise Meitner oder Max Born emigrieren mussten, blieb er in Deutschland. Als Schüler Ernest Rutherfords galt er als nicht ganz unverdächtiger „Anglophiler". Wie verschiedene andere Wissenschaftler sprach sich auch Geiger in den 1930er Jahren in Memoranden gegen eine „deutsche" oder auch „arische Physik" aus, eine nationalsozialistisch geprägte Forschung, die zum Beispiel die Relativitätstheorie und die Quantenmechanik als jüdische Erfindungen ablehnte und Deutschland ins wissenschaftliche Aus manövrierte. Offen ist Geiger nicht gegen das Regime aufgetreten. Andernfalls wäre seine Karriere undenkbar gewesen. Am Ende seines Lebens hat er an der deutschen Atombombe mitgebaut: 1939 wurde Geiger, seit 1936 Direktor des Physikalischen Instituts, zum Militärdienst einberufen, allerdings nicht an die Front geschickt, sondern wie auch Werner Heisenberg und Carl Friedrich von Weizsäcker zur Mitarbeit an der deutschen „Uranmaschine" verpflichtet. Aus seinem Institut sollen wesentliche Beiträge zur Uranforschung gekommen sein. Geiger selbst erkrankte Anfang der 40er Jahre so stark an Rheuma, dass er 1943 seine Lehrtätigkeit niederlegte und ein Kollege die kommissarische Leitung des Physikalischen Instituts übernehmen musste.

Geiger starb im Herbst 1945 und wurde auf dem Neuen Friedhof Potsdam beigesetzt. Als die Familie nach Westberlin übersiedelte, ließ sie auf dem Friedhof Grunewald einen zweiten Grabstein aufstellen. Beide haben sich erhalten – ebenso wie seine populärste Entwicklung, der Geigerzähler.

Der Geigerzähler wurde ein Standardinstrument beim Strahlenschutz und ist bis heute im täglichen nuklearmedizinischen Betrieb unverzichtbar. Wäre Geiger ein geschäftstüchtiger Mensch gewesen, wären seine Nachkommen längst Millionäre. Doch anstatt seine Erfindung patentieren zu lassen, gab er, Wissenschaftler durch und durch, ausführliche Veröffentlichungen heraus, die es jedermann ermöglichten, das Gerät nachzubauen.

Harmlose Grundlagenforschung: Die Atomkraft

„Es ist nämlich etwas bei dem ‚Radiumisotop', was so merkwürdig ist, dass wir es vorerst nur Dir sagen. (...) wenn nicht höchst seltsame Zufälle vorliegen: die Fraktionierung funktioniert nicht. Unsere Ra(dium)-Isotope verhalten sich wie Ba(rium). (...) Es könnte noch ein höchst merkwürdiger Zufall vorliegen. Aber immer mehr kommen wir zu dem schrecklichen Schluss: unsere Ra-Isotope verhalten sich nicht wie Ra, sondern wie Ba." So schrieb der Berliner Chemiker Otto Hahn (1879–1968) am Abend des 19. Dezember 1938 an seine ehemalige Kollegin Lise Meitner (1878–1968), die sich aufgrund ihrer jüdischen Herkunft seit einem halben Jahr im schwedischen Exil befand. Seit Jahren war es Ziel der gemeinsamen Arbeit am Kaiser-Wilhelm-Institut in Berlin-Dahlem gewesen, Lücken im Periodensystem der chemischen Elemente zu schließen, indem man auf experimentellem Wege Elemente nachwies, die es theoretisch geben musste. So sollten durch Neutronenbeschuss Urankerne vergrößert werden, um superschwere Transurane zu erzeugen.

Doch nun wurde das Atom nicht etwa größer, sondern kleiner: Ganz offensichtlich war bei den Versuchen, die Hahn gemeinsam mit Fritz Straßmann (1902–1980) an Uran durchgeführt hatte, Barium mit einem nur reichlich halb so großen Kern entstanden. Hahn und Straßmann publizierten ihre Entdeckung kurz darauf in der Zeitschrift „Die Naturwissenschaften", meinten aber immer noch, sie könnten sich „zu diesem Sprung noch nicht entschließen". Meitner im fernen Schweden war genauso ungläubig wie die Berliner und meinte zunächst, Hahn habe sich verrechnet. Da sie diesen aber als peniblen Wissenschaftler kannte, kam sie zu dem einzig möglichen Schluss: „Ich bin fast sicher, dass Ihr zwei tatsächlich eine Spaltung beobachtet habt", schrieb sie Anfang Januar 1939 zurück.

Lise Meitner und Otto Hahn, Chemie-Labor Berlin, 1920er Jahre

Die Entdeckung war folgenschwer. Denn wenn man durch Neutronen eine Kernspaltung auslösen kann, bei der wiederum Neutronen frei werden, ist es möglich, eine Kettenreaktion in Gang zu setzen, bei der am Ende extrem viel Energie erzeugt wird. Friedlich genutzt, konnte dies die Lösung aller jemals auftretenden Energieprobleme der Menschheit bedeuten. Die erste Anwendung war jedoch eine ganz andere: Im August 1945, längst nicht mehr kriegsentscheidend, warfen die Amerikaner über den japanischen Städten Hiroshima und Nagasaki die ersten Atombomben ab. „Little Boy", wie sie die Bombe nannten, tötete hunderttausende Menschen. Folgeschäden sind noch heute zu beobachten.

In seinem Brief an Meitner hatte Hahn auch noch geschrieben: „Falls Du irgendetwas vorschlagen könntest, das Du publizieren könntest, dann wäre es doch noch eine Arbeit zu dreien." Trotzdem sie daraufhin die entscheidende und richtige Deutung der Vorgänge lieferte, wurde Hahn 1944 allein der Nobelpreis verliehen. Er erhielt ihn ein Jahr nach dem Krieg. In seiner Dankesrede erwähnte er Meitner nicht.

Allerdings warnte er schon damals vor der Verbreitung und Weiterentwicklung von Kernwaffen. 1957 unterzeichnet er gemeinsam mit 16 weiteren international bekannten Atomwissenschaftlern wie Max Born, Werner Heisenberg und Carl Friedrich von Weizsäcker die Göttinger Erklärung, in der sie gegen Pläne, die Bundeswehr mit Atomwaffen aufzurüsten, protestierten. Der damalige Verteidigungsminister der Bundesrepublik Deutschland, Franz Josef Strauß, beurteilte Hahns Engagement mit dem Worten: „Ein alter Trottel, der die Tränen nicht halten kann und nachts nicht schlafen kann, wenn er an Hiroshima denkt."

Beim Rasieren erfunden: Das Faxgerät

Nachrichten übermitteln, das ist eines der großen Themen der Moderne. Genügte es Anfang des 19. Jahrhunderts selbst bei Geschäftspost noch, wenn sie nach einer Woche ihren Empfänger erreichte, sah das schon einige Jahrzehnte später ganz anders aus. Geschäftsdaten, politische Nachrichten, militärische Mitteilungen – alles sollte möglichst umgehend den Partner erreichen. Die drahtgebundene und die drahtlose Weiterleitung elektrischer Impulse eröffnen bis heute ungeahnte Möglichkeiten der Kommunikation. Fieberhaft und oft zeitgleich wird immer wieder an neuen Lösungen gearbeitet.

Einer, der die Nase mehrmals vorn hatte, war Rudolf Hell (1901–2002), oft als „Jahrhundert-Ingenieur" bezeichnet. Vielleicht wurde seine Begeisterung für die Telegrafie schon in der Kindheit geboren. Sein Vater war Bahnhofsvorsteher, und so kam Hell früh mit der Eisenbahntelegrafie in Berührung. Sein Erfinderwerdegang verlief recht geradlinig, ein Mann, der nur am Schreibtisch oder im Labor saß, war er jedoch nie. Er sagte von sich selbst, ihm fielen die Ideen beim Rasieren ein.

Schon während des Studiums der Elektrotechnik meldete er 1925 ein Patent für eine „lichtelektronische Bildzerlegerröhre" an und stellte mit seinem Doktorvater Max Dieckmann auf der Münchner Gewerbeausstellung eine Fernsehsende- und -empfangsstation vor.

Die Geschichte seiner eigenen Firmentätigkeit begann mit einer kleinen Erbschaft. Nach dem Tod der Mutter erhielt er ein Auto, das er für 3.000 Mark verkaufte. Das war sein Grundkapital, mit dem er 1929 nach

Hell-Faxgerät, um 1960

Babelsberg zog. Im benachbarten Berlin waren die meisten Behörden, Forschungsgremien und Unternehmen der Branche angesiedelt, und er erhoffte sich besonders viele Auftraggeber. Bald darauf zog er in eine Gründerzeitvilla in Berlin-Dahlem, wo er mit seiner jungen Belegschaft von zwölf Mitarbeitern arbeitete. Schließlich entstanden umfangreiche Produktionsstätten in Berlin-Treptow.

Die Idee für seinen 1929 zum Patent angemeldeten schreibenden Telegrafen war nicht neu. Schon 1843 hatte der schottische Uhrmacher Alexander Bain einen Kopiertelegrafen konstruiert, der es gestattete, Handschriften und Zeichnungen, also Schwarz-Weiß-Bilder, elektrisch zu übertragen. Diese Technik wurde immer weiter zur Übertragung von Faksimiles ausgefeilt, aber erst der Hell-Schreiber war robust und störungsunempfindlich genug, um wirklich alltagstauglich zu sein. Die „Vorrichtung zur elektrischen Übertragung von Schriftzeichen" benötigte nur kurze Sendezeiten, arbeitete ohne die Notwendigkeit der Herstellung von Sendeklischees und mit wesentlich minimierten Schwierigkeiten bei der Synchronisierung der empfangenen Texte.

Von Hell ist der Ausspruch übermittelt: „Ich habe nie etwas gemacht, nur um Geld zu verdienen. Es ging mir um den Fortschritt und die praktische Anwendung." Dies scheint tatsächlich sein Leitspruch gewesen zu sein.

Die Grundlizenz für den Hell-Schreiber jedenfalls verkaufte er an die Großfirma Siemens & Halske, die das Gerät 50.000-fach produzierte und absetzte. Hell selbst widmete sich der Weiterentwicklung des Apparats, arbeitete an neuartigen Morsegeräten und entwickelte und baute die legendäre, höchst geheime und im Zweiten Weltkrieg eingesetzte Ver- und Entschlüsselungsmaschine Enigma (griech. „Rätsel"), die die Anfangserfolge der deutschen U-Boot-Flotte möglich gemacht haben.

Hell, der nach dem Zweiten Weltkrieg mit seiner Firma nach Kiel umgezogen war, stellte 1963 den Scanner Chromograf vor. Ein erstes Anwendungsgebiet war beispielsweise die Weitergabe von Wetterkarten. Als Hell mit stolzen 100 Jahren starb, konnte er auf 131 Patente zurückblicken, die ihn zum „Edison der grafischen Industrie" machten. Er wurde in seinem Leben entsprechend hoch geehrt – bis zur Verleihung des Großen Bundesverdienstkreuzes mit Stern 1980.

Der Scanner

Aus Konkurrenten können Freunde werden. Der Londoner Tiefdruckbetrieb Sun Printer beauftragte seinerzeit den Briten John Crosfield und gleichzeitig Rudolf Hell, etwas zu entwickeln, was wir heute Scanner nennen. Die beiden wussten nichts voneinander und forschten so am selben Gegenstand. 1958 stellte Hell in Kiel seinen Colorgraf vor, und Crosfield präsentierte in London seinen Scanatron. Beide hatten die Aufgabe erfüllt und erkannten erst jetzt das Doppelspiel des Auftraggebers. Darüber wurden sie jedoch nicht zu verfeindeten Konkurrenten, sondern zu lebenslangen Freunden. Sie einigten sich sogar darauf, ihre Forschungen nicht gegenseitig mit Patenten zu behindern.

Eine Waffe nicht nur für Frauen: Perlon

Der 15. Mai 1940 revolutionierte die Modewelt der amerikanischen Frauen: Die Firma DuPont brachte Strümpfe aus der Synthesefaser Nylon auf den Markt. Innerhalb weniger Tage waren die ersten Lieferungen trotz eines astronomisch hohen Verkaufspreises restlos ausverkauft. Ein sensationelles Erfolgsprodukt war geboren.

Auch in Deutschland wurde schon seit längerem an der Herstellung von Synthesefasern geforscht. Der Chemiker Paul Schlack (1897–1987) war trotz seiner jungen Jahre seit 1926 Leiter der Forschungsabteilung bei der AcetA GmbH in Berlin-Lichtenberg, einem Gemeinschaftsunternehmen der IG Farben und der Vereinigten Glanzstoff-Fabriken AG. Hier war er mit der Veredelung von Acetatseiden beschäftigt. Behindert auch durch die Weltwirtschaftskrise, arbeitete er an der Entwicklung synthetischer Fasern eher nebenbei und mit zufällig in den Laboren vorhandenen Substanzen. Von den Erfolgen wie Misserfolgen der amerikanischen Wissenschaftler hatte er nur unzureichend Kenntnis, veröffentlichten diese doch die Ergebnisse ihrer Arbeit seit 1934 nur noch in Patenten. So experimentierte Schlack auch mit Materialien, die die Amerikaner als ungeeignet aussortiert hatten. Im Januar 1938 gelang ihm im Labor die Erzeugung eines hochelastischen und zu einem Faden dehnbaren Stücks Polymer, das er auch für die großtechnische Produktion für geeignet hielt. Erst jetzt berichtete er seinen Vorgesetzten davon.

Als Mitte des Jahres 1938 Vertreter von DuPont nach Berlin kamen, um der IG Farben das Nylon-Verfahren anzubieten, waren sie hoch erstaunt, dass hier ein ganz ähnliches Produkt vorlag, allerdings auf einem Wege gewonnen, den man in den USA für nicht gangbar gehalten hatte: Schlacks synthetische Faser „Perluran" bestand aus Polyamid 6, Nylon hingegen aus Polyamid 6.6. Um sich nicht gegenseitig ins Gehege zu kommen, schlossen DuPont und die IG Farben 1939 einen Lizenzvertrag ab, der die Interessenssphären für die Verwertung der verschiedenen Synthesefaserstoffpatente, aber auch den Erfahrungsaustausch und die Nutzung verschiedener Lizenzen zur Veredelung der Fasern, die die IG Farben von den Amerikanern kaufen musste, regelte.

Deutsche wie Amerikaner setzten das neue Material zunächst zu Rüstungszwecken ein. In einer neu geschaffenen großtechnischen Anlage in Landsberg an der Warthe (heute Gorzów) produzierten die Deutschen Fallschirme, Borsten zum Reinigen von Waffen, Flugzeugreifen, Säckchen für Schwarzpulver, die als Treibladung in Granaten verwendet wurden, und andere Kriegsgüter. Obwohl die Firma Louis Bahner im erzgebirgischen Oberlungwitz bereits 1938 den ersten Perlonstrumpf produziert hatte, kam er nicht in die Geschäfte. Während in den USA seine Markteinführung groß inszeniert wurde, war es in Deutschland nur den Frauen der IG-Farben-Manager vergönnt, Strümpfe aus dem neuen Material zu tragen. Alle anderen mussten warten, bis nach dem Krieg die Freigabe des Garns für die zivile Produktion erfolgte.

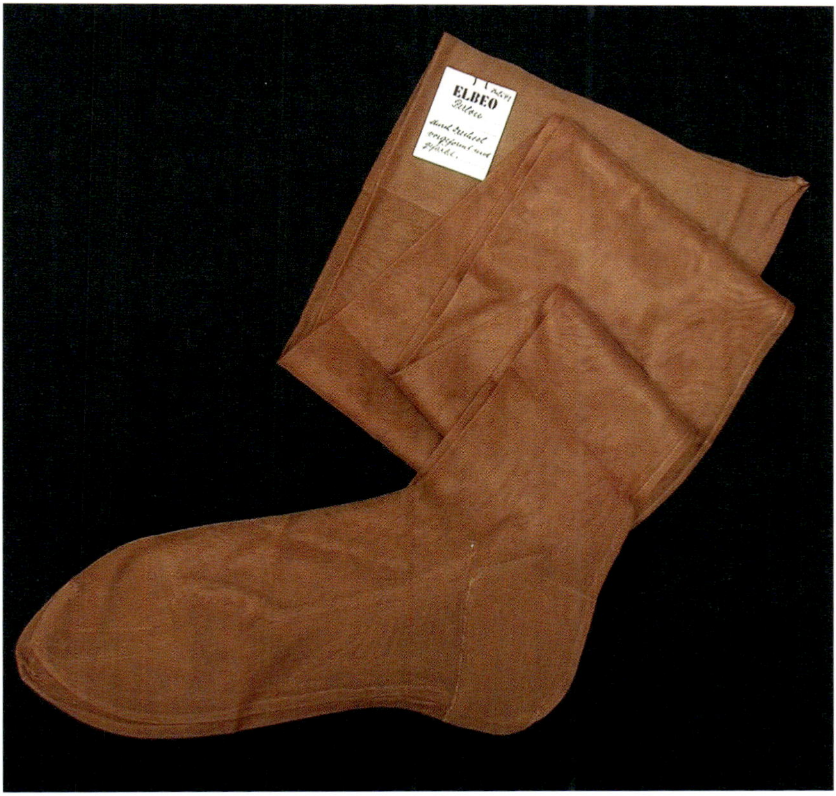

Perlonstrumpf, 1943

Doch auch dies ging nicht ohne Hindernisse vonstatten. Gegen Ende des Zweiten Weltkrieges war die chemische Industrie in Deutschland und damit auch die Synthesefaserforschung und -produktion völlig zum Stillstand gekommen. Aufgrund der Kampfmittelproduktion der IG Farben wurde im Potsdamer Abkommen sogar eigens die Zerschlagung des Konzernverbunds beschlossen. In der sowjetisch besetzten Zone gingen Forschung und Probeproduktion jedoch fast nahtlos weiter. Mit den Mitarbeitern aus Landsberg wurde schon im Sommer 1945 eine Forschungsgruppe gegründet, die sowjetische Fachkader ausbilden sollte; das Landsberger Werk wurde demontiert und nach Klin bei Moskau verbracht, wo es 1947 die Produktion aufnahm. Damenstrümpfe waren aus naheliegenden Gründen jedoch nicht das vorrangige Produkt dieser Jahre.

In Westdeutschland hingegen hatte DuPont ein verständliches Interesse daran, den eigenen Wissensvorsprung möglichst lange zu halten. „Nylons" wurden zu einem der beliebtesten Mitbringsel der GIs bei den deutschen „Fräuleins". Erst um 1950 kam eine nennenswerte Eigenproduktion wieder in Gang. 1952 wurde Perlon in Westdeutschland als Warenzeichen geschützt. Und nun stiegen Perlonstrümpfe zum Synonym für das beginnende Wirtschaftswunder auf. Im Jahr 1955 wurden allein 100 Millionen Paar verkauft.

Erst 1959 reagierte die DDR darauf, dass in der BRD der Name Perlon geschützt war, woraufhin der Name Dederon kreiert wurde, ein zusammengesetztes Kunstwort aus DDR und der Endung „-on". Dederon versprach „Wohlstand, Brot und Schönheit" – jedenfalls in der Werbung. Ob jemand diesem Slogan glaubte oder nicht: Damenstrümpfe, geblümte Kittelschürzen, FDJ-Blusen oder der „Es-könnte-ja-was-geben-Notfallbeutel" – Dederon hatte einen festen Platz im Alltag der DDR. 1963 erschien sogar ein Briefmarkenblock aus Dederonfolie mit dem programmatischen Titel „Chemie für Frieden und Sozialismus".

Jenseits von gut und böse? Die Rakete

Spätestens seit er Jules Vernes utopische Romane „Von der Erde zum Mond" (1865) und „Reise um den Mond" (1869) gelesen hatte, flogen Raketen durch die Jungenträume von Wernher Magnus Maximilian Freiherr von Braun (1912–1977). Schon als 13-jähriger experimentierte er mit kleinen, selbst gebauten Feststoffraketen. Seine ersten Versuchsfelder waren der Berliner Tiergarten und die Jungfernheide. Mit gerade mal 16 Jahren wurde er Mitglied des Vereins für Raumschifffahrt. Hier knüpfte er erste Kontakte zum „Vater der Raumfahrt" Hermann Oberth. Dessen Abhandlung „Die Rakete zu den Planetenräumen" (1923) zu begreifen wurde zu Brauns erster wissenschaftlicher Herausforderung. Überhaupt bedurfte eine ernsthafte Vertiefung seines Hobbys einer soliden Ausbildung. So begann er nach der Reifeprüfung sein Studium an den Technischen Hochschulen Berlin-Charlottenburg und Zürich. In Berlin assistierte er Oberth bei Versuchen mit Flüssigkeitsraketen. 1934 promovierte er an der damaligen Friedrich-Wilhelm-Universität in Berlin über „Konstruktive, theoretische und experimentelle Beiträge zu dem Problem der Flüssigkeitsrakete".

Seine Berufung sah von Braun in der theoretischen und praktischen Entwicklung der Raketentechnik für die friedliche Erkundung des Weltraums. Doch die Versuche waren kostspielig. So wandte sich der Verein für Raumschifffahrt mit der Bitte um finanzielle Unterstützung an das Militär. Deutschland war durch den Versailler Vertrag engen Beschränkungen der Entwicklung und Produktion konventioneller Waffen unterworfen – zu Raketen gab es im Vertrag keine Aussagen. Das Militär witterte also eine Möglichkeit, ihn legal zu umgehen, und das Heereswaffenamt beschloss, sich dem Thema „Raketen als Kampfmittel" zuzuwenden. Mit 24 Jahren begab sich der Weltraumträumer Wernher von Braun als Zivilangestellter in den Dienst des Heereswaffenamtes. Bald wurde die Entwicklung und Erprobung von Flüssigkeitsraketen in die Heeresversuchsstelle Kummersdorf östlich von Luckenwalde verlegt. Anerkannte Fachleute wie Oberth, Rudolf Nebel und Klaus Riedel kamen hinzu.

A4-Rakete mit „Frau im Mond", Peenemünde

Einzelne Grundformen der konzipierten und zum Teil gebauten und erprobten Raketen bezeichnete man mit A1, A2 usw., wobei A für Aggregat stand. Schrittweise eingeführte entscheidende Neuerungen betrafen unter anderem die Gestaltung der Austrittsöffnung, die Art der Flüssigtreibstoffe und deren Einbringung in die neu entwickelte Brennkammer, die Stabilisierung der Flugkörper mit Hilfe von Schwungrädern und/oder Kreiselaggregaten sowie aerodynamischen Rudern. Unfälle und Rückschläge blieben nicht aus. Der ausgereifteste Raketentyp war die A4, sie bildete die Grundlage für die Massenproduktion der sogenannten Vergeltungswaffe V2.

Da in Kummersdorf keine großen Raketen gestartet werden konnten, musste ein anderes Gelände gefunden werden. Angeblich gab die Mutter von Brauns, eine gebürtige Anklamerin, den Tipp für Peenemünde an der Nordspitze Usedoms. 1937 siedelte man in die neu aus dem Boden gestampfte Heeresversuchsanstalt über. Damit war das Berlin-Brandenburger Kapitel der Raketenforschung abgeschlossen, doch die Geschichte soll zu Ende erzählt werden: Von Braun wurde Direktor der neuen Versuchsanstalt. Er war inzwischen nicht nur anerkannter Fachmann und Organisator, sondern trat 1938 der NSDAP und 1940 der SS im Range eines Sturmbannführers bei. Sein Professorentitel wurde ihm durch Hitler persönlich verliehen.

In Peenemünde wurden nicht nur die Grundlagenforschung, Entwicklung und Produktion der Raketenwaffen betrieben. Von hier gingen auch zahlreiche Anregungen für die Anwendung der Raketentechnik als Kampfmittel wie zum Einsatz des Raketenprinzips für viele andere Waffensysteme aus. Nach Bombardements wurde die Produktion der V2 nach dem berüchtigten KZ-Mittelbau Dora bei Nordhausen in Thüringen verlegt.

Die V2 hatte eine Länge von 14 Meter, als Antriebsmittel dienten Ethylalkohol und Sauerstoff, sie erreichte Höhen über 20 Kilometer, erzielte eine Geschwindigkeit von 5.500 Kilometer pro Stunde (Mach 5) und eine Reichweite von 400 Kilometer. Damit war sie die erste funktionstüchtige Flüssigkeitsrakete, was nicht unwesentlich daran lag, dass man das Problem der gesteuerten Brennstoffzufuhr gelöst hatte. Außerdem erreichte die V2 als erste Rakete das Weltall. Doch die technische Faszination verblasst vor anderen Zahlen: Ihre Produktion kostete 20.000 KZ-Häftlinge das Leben, ihr Einsatz den Gegner 8.000 Todesopfer unter der Zivilbevölkerung.

Gegen Kriegsende wurden große Teile der Forschung aus Peenemünde evakuiert. Dort verbliebene Raketenspezialisten wurden von der einrückenden Sowjetarmee in die Sowjetunion verbracht. Mehrere hundert V2 fielen den Amerikanern in die Hände. Von Braun und zahlreiche seiner engsten Mitstreiter begaben sich bei Oberammergau freiwillig in die Obhut der Amerikaner. Viele von ihnen arbeiteten anschließend in den USA für Army und Navy, seit dem „Sputnik-Schock“ für die 1958 gegründete National Aeronautics and Space Administration, kurz NASA. Seit Kriegsende durfte in Deutschland keine eigenständige Raketenforschung mehr stattfinden. Doch es waren deutsche Wissenschaftler, die halfen, den Rüstungswettlauf der beiden Supermächte in Gang zu setzen und ein „Gleichgewicht des Schreckens“ herzustellen.

Von Braun war ab 1959 bei der Nasa maßgeblich an der Entwicklung der späteren Saturn V und an der ersten Mondlandung beteiligt. Erst jetzt konnte er sich seinem Lebenstraum, der zivilen Raumfahrt widmen. Welch schrecklichen Preis aber hatte er bis dahin in Kauf genommen. Und dienten nicht auch diese „guten" Raketen für die Weltraumforschung den Großmächten als Drohgebärde und Beweis für die Beherrschung von Hochtechnologien – für friedliche wie für militärische Zwecke?

Wernher von Braun und der Nationalsozialismus

Beim Lesen der Biografie Wernher von Brauns drängt sich der Vergleich mit dem Generalbauinspektor und Rüstungsminister Albert Speer auf. Beide waren „als Fachleute nur Befehlsempfänger" und haben sogar für sich in Anspruch genommen, „Schlimmeres verhütet zu haben". Beide behaupteten bis zu ihrem Tode steif und fest, nichts vom Elend der für sie tätig gewesenen KZ-Häftlinge, Kriegsgefangenen und Zwangsarbeiter gewusst zu haben. Speer rettete diese Lebenslüge den Hals; immerhin musste er aber 20 Jahre Gefängnishaft verbüßen. Von Braun hingegen wurde vom ehemaligen Kriegsgegner als Begründer der modernen Raketentechnik wärmstens aufgenommen und hofiert. Neuere Forschungen belegen schlüssig, dass von Braun durchaus die Verhältnisse im Mittelbau Dora persönlich gekannt haben muss. Es gibt zahlreiche Hinweise auf seine enge Verstrickung in den Einsatz von Häftlingen, dagegen ist kein Ansatz zur Erleichterung ihres Martyriums bekannt.

Am Anfang war die Laubsäge: Der Computer

Kopfrechnen ist nicht jedermanns Sache. Seit Jahrtausenden waren die Menschen bemüht, Methoden und Hilfsmittel zu finden, die nicht nur das Rechnen erleichterten, sondern komplizierte Berechnungen überhaupt erst ermöglichten. Auf diesem langen Weg entstanden beispielsweise der Abakus, ein auch als „Idiotenharfe" bekanntes Gerät, oder der Rechenschieber, um nur die zwei bekanntesten zu nennen.

Auch der Berliner Konrad Zuse (1910–1995) lieferte später für seine Bestrebungen, moderne Rechenmaschinen zu entwickeln, die Begründung, er sei zu faul zum Rechnen gewesen. Tatsächlich hatte er ein Maschinen-

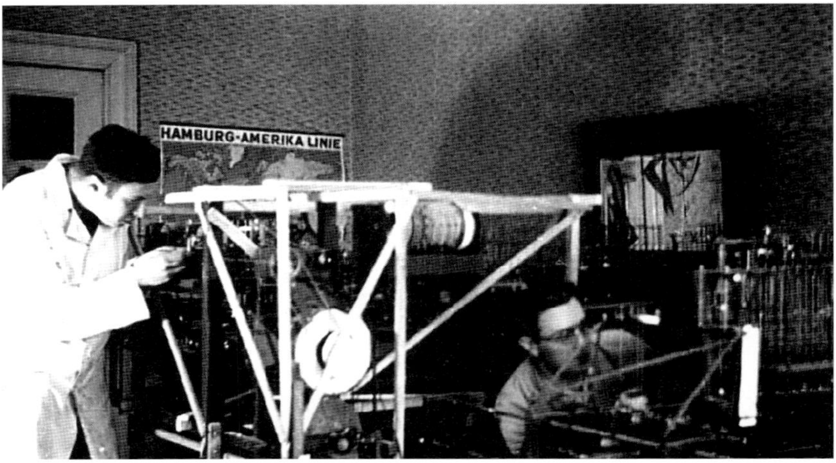

Konrad Zuse im Wohnzimmer seiner Eltern beim Bau des Z1, wohl 1937

baustudium an der Technischen Hochschule Charlottenburg abgebrochen, war zur Architektur und schließlich zum Bauingenieurstudium gewechselt. Und nun musste er komplizierte und umfangreiche statische Berechnungen bis hin zu Differentialgleichungen mit mehreren Unbekannten lösen. Bei Abschluss des Studiums hatte er die wichtigsten Entscheidungen für den Bau eines programmgesteuerten Rechengerätes bereits getroffen. Das Gerät sollte aus Rechen-, Speicher- und Programmwerk bestehen, auf der Grundlage des dualen Zahlensystems funktionieren und eine halblogarithmische Schreibweise benutzen.

Zunächst trat Zuse eine aussichtsreiche Erstanstellung als Statiker bei der Henschel Flugzeugwerke AG in Berlin-Schönefeld an. Doch schon ein Jahr später kündigte er diese wieder auf und erklärte seinen fassungslosen Eltern, dass er von nun an das Wohnzimmer für den Bau seiner Rechenmaschine benötige.

Das Ergebnis, aus privaten Mitteln finanziert und 1938 fertig gestellt, war ein mit Lochstreifen funktionierender mechanischer Rechner mit einem Speicher von 64 Worten mit je 22 Bits: der Z1 (Zuse 1). Die Tausenden nur mit einer Laubsäge gefertigten dünnen Bauteile aus Blech arbeiteten jedoch nicht ganz zuverlässig, und Zuse machte sich sofort daran, das Gerät zu verbessern. Er besorgte sich zirka 2.500 Telefonrelais beim Fernmeldeamt der Reichspost und überzeugte Mitglieder des Akademischen Vereins

Motiv, einer Studentenverbindung, in der Zuse selbst sehr aktiv war, beim Verlöten der etwa 30.000 Verbindungen zu helfen. Filmrollen dienten als erste Lochstreifen. Das 1938/39 konstruierte Gerät Z2 war schon weitaus funktionstüchtiger. Seine erfolgreiche Demonstration überzeugte auch die Deutsche Versuchsanstalt für Luftfahrt, das Projekt zu unterstützen.

1940 gründete der Visionär in der Kreuzberger Methfesselstraße die Firma Zuses Apparatebau. Dort stellte er am 12. Mai 1941 Wissenschaftlern den Z3 vor, der heute als der erste funktionsfähige, frei programmierbare, auf binären Zahlensystem und binärer Schaltungstechnik basierende Rechner der Welt gilt. Das Zeitalter der Informatik hatte begonnen.

Zum Kriegsende fiel die Firma samt dem Z3 einem Bombenvolltreffer zum Opfer. Einzig der Z4, eine Weiterentwicklung des Z3, wurde als V4 getarnt in Kisten verpackt und samt Erfinder und Familie in einem Sonderzug zuerst nach Göttingen und dann auf einem LKW weiter ins Allgäu verfrachtet. Dort fanden sich noch mehr hochrangige Wissenschaftler ein. Im Nachbardorf von Zuse etwa saß der Raketenforscher Wernher von Braun mit seinen Kollegen. Als die Amerikaner den flüchtigen Zuse wegen seiner vermeintlichen V4 suchten, fanden sie nur einen Haufen Schaltrelais. Einmal auf der Spur, stießen sie ein Dorf weiter auf die renommierten Peenemünder Raketenforscher. Relativ schnell waren sich die Amerikaner mit ihnen einig, schlossen Anheuerverträge ab und luden sie nach Amerika ein. Zuse aber mit seiner „Wunderwaffe“ blieb unbeachtet.

In dieser Zeit, wo die praktische Arbeit ruhen musste, befasste sich Zuse mit theoretischen Überlegungen und schrieb „Plankalkül“, die erste algorithmische Sprache für programmgesteuerte Rechner. Seine unternehmerische Karriere setzte er 1947 mit der Gründung des Zuse-Ingenieurbüros in Hopferau/Allgäu und dann mit der Zuse KG, Neugründung in Neukirchen/Kreis Hünfeld, schrittweise fort. Der in Kisten gerettete Z4 wurde 1949 restauriert und ab 1950 an der Eidgenössischen Hochschule in Zürich als Europas damals einziger kommerziell arbeitender Rechner eingesetzt.

Weitere Computer, immer mit der Typenbezeichnung Z plus fortlaufende Nummer, wurden in Folge entwickelt. Mit dem Z22 wurde der erste Rechner mit einem magnetischen Speicher ausgerüstet. Doch ein durchschlagender unternehmerischer Erfolg und wirkliche wissenschaftliche Anerkennung stellten sich nicht ein. Selbst das Patent für den Z3 wurde Zuse nach 26-jährigem Rechtsstreit verweigert. Die Mitarbeiter des Patentamtes schätzten den ersten Computer der Welt nicht als „patentwürdige Erfindung“!

Nachbau Z3, 1961

1964 stieg Zuse als Aktiver aus seiner Firma aus. Bis dahin waren etwa. 250 Computer mit einem Marktwert von mehr als 100 Millionen DM gebaut worden. 15 Jahre lang hatten Zuses Entwicklungen im europäischen Computerbau eine Spitzenstellung eingenommen, doch der zunehmend internationalen Konkurrenz konnte die Zuse KG nicht länger widerstehen. Anfang 1967 ging die Firma letztendlich in der Siemens AG auf.

Viele Jahre lang hielt man vor allem in den USA Howard Aiken, der 1944 den Relaisrechner Mark 1 konstruiert hatte, für den eigentlichen Erfinder des Computers. Erst im Rahmen der Weltmathematiker-Konferenz 1998 in Paderborn beantworteten renommierte Experten aus aller Welt die Frage „Who invented the Computer?" mit Konrad Zuse. Ein Jahr später, vier Jahre nach seinem Tod, wurde ihm posthum der Titel Fellow des Computer Museum History Center in Palo Alto verliehen – Ausdruck der nun auch in den USA erfolgten Anerkennung.

Ein funktionstüchtiger Nachbau des Z1 ist heute noch im Deutschen Technikmuseum Berlin zu besichtigen, nicht weit von dem Ort entfernt, an dem vor mehr als 70 Jahren das Zeitalter der Computertechnik begann.

„Wenn die Computer zu mächtig werden, dann zieht den Stecker aus der Steckdose."
Konrad Zuse

Zwischen Preußen und neuem Brandenburg

Mit dem Ende des von Deutschland ausgehenden Zweiten Weltkrieges kommt es zum wohl tiefsten Bruch in der Geschichte des Landes. Preußen wird vom Alliierten Kontrollrat aufgelöst, das besiegte Deutsche Reich in mehrere Besatzungszonen aufgeteilt, aus denen schließlich zwei eigenständige Staaten hervorgehen. Die Trennung betrifft Brandenburg in besonderer Weise, wird doch ein nicht unbedeutender Teil dieses Landes Polen zugeschlagen und Berlin erst vier-, dann zweigeteilt. Die DDR lässt Brandenburg als Land untergehen und zerstückelt es in die drei politischen Bezirke Cottbus, Frankfurt (Oder) und Potsdam. Die Wirtschaft der DDR steht nach Kriegsschäden und Reparationsleistungen vor riesigen Problemen. Sie ist von ehemaligen Rohstofflieferanten, aber auch Absatzmärkten abgeschnitten. Patentstreitigkeiten mit Firmeninhabern, die in den Westen gegangen sind, prägen besonders die Anfangsjahre.

Generell ist in der zweiten Hälfte des 20. Jahrhunderts eine Verlagerung des wissenschaftlich-technischen Fortschritts in den Westen und Süden Deutschlands und weltweit vor allem in die USA zu beobachten. Westberlin, obwohl als Bollwerk gegen den Sozialismus hoch subventioniert, kann aufgrund der schwierigen infrastrukturellen Situation Firmen und private Forschungseinrichtungen nicht halten und wird als Ort für Erfindungen nahezu bedeutungslos. In der DDR macht Not erfinderisch. Heerscharen von „verdienten Neuerern des Volkes" kämpfen gegen die vier Feinde des Sozialismus, gegen Frühling, Sommer, Herbst und Winter. Sie trotzen Rohstoffmangel und Materialknappheit kleine Siege ab. Jeder Bürger wird quasi zum Erfinder, wenn er mit Phantasie und Geschick eigene Lösungen ersinnt und Material zweckentfremdet, um die Tücken des Alltags zu bewältigen.

Mit herausragenden Einzelprodukten sind professionelle Erfinder aus der DDR immer mal wieder der Weltspitze sehr nahe. Doch die wenig flexible Planwirtschaft und die Einbindung in den Rat für gegenseitige Wirtschaftshilfe schaffen generell kein gutes Klima für Erfindungen. Am Ende wird dem Staatsratsvorsitzenden Erich Honecker von Mitarbeitern der Carl-Zeiss-Werke Jena ein 1-Megabit-Chip vorgeführt, der mit aus dem Westen geschmuggeltem Knowhow entwickelt wurde und von dem sich die DDR-Bürger das schöne Bonmot erzählen, dass er der größte Mikrochip der Welt sei.

Imagewandel eines Vogels: Die Naturschutzeule

Eulen sind Todesvögel, denn sie fliegen zu den Kranken, die bald sterben müssen – dieser Aberglaube entbehrt natürlich jeder Grundlage. Tatsächlich ist die Eule vollkommen harmlos, jagt aber des Nachts Insekten, die von Licht in Fenstern angezogen werden, wie es bis vor wenigen Jahrzehnten eben fast nur dort leuchtete, wo Kranke betreut wurden. Doch war das Tier, als 1949 ein junger ehrenamtlicher Kreisbeauftragter für Naturschutz durch den Kreis Oberbarnim wanderte, aufgrund dieses Ammenmärchens bereits in seinem Bestand bedroht.

Kurt Kretschmann (1914–2007) ist wohl am besten als kämpferischer Idealist zu bezeichnen. Er hatte mit seinen damals 35 Jahren schon ein bewegtes Leben hinter sich. 1914 in Berlin geboren, hatte er dort eine Schneiderlehre absolviert, als überzeugter Pazifist seine Stelle jedoch gekündigt, als der Betrieb 1933 auf Militäruniformen umgerüstet wurde. Durch intensives Fasten war es dem Vegetarier zunächst gelungen, sich der Einberufung zum Wehrdienst zu entziehen. 1936 doch eingezogen, war er als „gefährlich für den Geist der Truppe" nach wenigen Monaten entlassen worden und hatte sich auf eine über 12.000 Kilometer lange Wanderschaft durch Deutschland, die Schweiz und Oberitalien begeben. Diese Landschaften waren zu seinen „Universitäten" geworden, bevor er 1940 erneut gezogen, 1944 zum Tode verurteilt worden, dann desertiert war und sich bis zum Kriegsende in einer Laube versteckt gehalten hatte. Nun war er als Kreisbeauftragter für Naturschutz unterwegs. Er legte Natur- und Lehrpfade an, entwickelte eine Wanderausstellung über die heimische Natur – und entwarf ein Schild, das geschützte Gebiete oder Naturdenkmale kennzeichnen sollte. Darauf war, sozusagen als Ehrenret-

Naturschutzeule

tung für den verleumdeten Vogel, auf gelbem Grund eine stilisierte Eule abgebildet, genauer gesagt, ein Waldkauz. Als Kretschmann 1951 der Landesnaturschutzbeauftragte Brandenburgs wurde, ließ er von seinem

Naturschutz in Deutschland

Zur Charakterisierung des preußischen Staates wird zumeist vor allem auf seinen Militarismus verwiesen. Was weniger bekannt sein dürfte: Er war auch ein Vorreiter auf dem Gebiet des Naturschutzes. 1836 bereits erwarb die preußische Regierung einen Teil des als Steinbruch genutzten Gebiets um die Burg Drachenfels im Siebengebirge, um deren weiteren Abbau zu verhindern. Dies gilt gemeinhin als Einrichtung des ersten Naturschutzgebietes in Deutschland. Ab der zweiten Hälfte des 19. Jahrhunderts entstanden verschiedene Gesetzeswerke, die die Natur und einzelne ihrer Bestandteile unter Schutz stellten, so etwa 1875 das preußische Schutzwaldgesetz. 1906 wurde die Staatliche Stelle für Naturdenkmalpflege in Preußen eingerichtet, die erste staatliche Institution, die sich ausschließlich und hauptamtlich dem Naturschutz widmete.

Zwar definierte Artikel 150 der Weimarer Verfassung den Natur- und Landschaftsschutz als Staatsziel, doch gelang es in diesen Jahren nicht, ein umfassendes Naturschutzgesetz zu verabschieden. 1935 wurde ein solches von den Nationalsozialisten in wenigen Wochen beschlossen, ganz maßgeblich unter dem Einfluss des Reichsforstmeisters und Reichsjägermeisters Hermann Göring. Als Bundesnaturschutzgesetz war es in der Bundesrepublik Deutschland noch bis 1976 in Kraft. Besonders das Vorwort des von den Nationalsozialisten verabschiedeten Reichsnaturschutzgesetzes ist extrem völkisch geprägt. Inhaltlich jedoch geht das Gesetz auch auf Vorarbeiten von Benno Wolf zurück, der seit 1915 als Justitiar der Staatlichen Stelle für Naturdenkmalpflege gearbeitet hatte und 1933 seiner Entlassung als Jude zuvorgekommen war. Wolf war gleichzeitig Vorsitzender des Hauptverbandes österreichischer und deutscher Höhlenforscher. Insbesondere wegen seines kriegswichtig gewordenen Höhlen-Archivs, an dem die SS Interesse bekundete, wurde Wolf 1942 nach Theresienstadt deportiert, wo er 1943 starb. Während viele Fachkräfte, die sich mit den Nationalsozialisten arrangiert hatten oder sie gar aktiv unterstützten, nach dem Krieg nahtlos in die westdeutschen Naturschutzbehörden übernommen wurden und das Reichsnaturschutzgesetz weiter Bestand hatte, wurde Benno Wolf vergessen. Vielleicht kann man es eine kleine ausgleichende Gerechtigkeit nennen, dass mit Kurt Kretschmann ein anderer von den Nationalsozialisten verfolgter Naturfreund eines der prägenden Symbole des Naturschutzes erfunden hat, das seit 1992 in ganz Deutschland in Kraft ist.

Jahresetat von 30.000 Mark dieses Schild in großen Mengen produzieren und schickte es zunächst an ihm bekannte Naturschützer, die es ebenfalls verwendeten. 1953 bis 1955 war er als Referent für Naturschutz an der Akademie der Landwirtschaftswissenschaften tätig und maßgeblich an der Entwicklung des Naturschutzgesetzes der DDR beteiligt. Dieses wurde 1954 verabschiedet und führte die Eule offiziell als Symbol für Schutzräume und Naturdenkmale ein.

Bis ins hohe Alter – er starb 2007 mit fast 93 Jahren in Bad Freienwalde – war Kretschmann mit seiner Frau in Sachen Naturschutz unterwegs. Er baute die Lehrstätte für Naturschutz „Müritzhof" und das „Haus der Naturpflege" in Bad Freienwalde auf, gründete den „Arbeitskreis zum Schutz vom Aussterben bedrohter Tierarten" und eine Arbeitsgruppe „Weißstorch" und widmete sich in späten Jahren dem Experiment Mulch-Garten. Seit 1991 war er Ehrenpräsident des Naturschutzbundes Deutschland. 1993 erhielt er mit seiner Frau den Europäischen Umweltpreis. Und schließlich wurde 1992 das Schild mit der Eule zur Kennzeichnung von schützenswerter Natur für das wiedervereinigte Deutschland übernommen.

Wärme für die Republik: Braunkohlenkoks

Mit der Teilung und Verkleinerung Deutschlands nach dem Zweiten Weltkrieg rückten für die Wirtschaft der neu gegründeten DDR wichtige Rohstoffquellen, etwa die Steinkohlelager in Schlesien, im Ruhrgebiet und im Saarland, in weite Ferne. So musste man massiv auf die Braunkohle im Süden des Landes Brandenburg (seit 1952 Bezirk Cottbus) zurückgreifen. In riesigen Tagebauen wurde sie abgebaut, dann verheizt und verstromt. Braunkohle aber hat im Vergleich zur Steinkohle einen viel geringeren Heizwert und ist durch seinen geringeren Kohlenstoffanteil für die Stahl- und Chemieindustrie nicht geeignet. Diesen Nachteil durch moderne Technologien zu kompensieren machten sich umgehend Wissenschaftler der Bergakademie Freiberg auf. Das von Georg Bilkenroth (1898–1982) und Erich Rammler (1901–1986) entwickelte Verfahren der Braunkohlenhochtemperaturverkokung wurde, noch ehe die letzten Versuchsreihen abgeschlossen waren, in die großtechnische Nutzung überführt, so sehr drängte die Zeit. 1951 fasste der Ministerrat der DDR den Beschluss, in Lauchhammer eine Großkokerei zu errichten. Bereits ein Dreivierteljahr später, im Juni 1952, begann dort die Produktion.

Biotürme in Lauchhammer, 2008

Besonders hochwertige Briketts wurden in mehreren Stufen bei Temperaturen von bis zu 1.800 °C zuerst getrocknet, anschließend mit einem Spülgas trocken gekühlt und mit Wasser oder einem Wasser-Laugen-Gemisch behandelt. Als in diesem Fall hoch erwünschte Nebenprodukte fielen verschiedene Gase an, aus denen Teer, Mittelöl und Gaswasser auskondensiert wurden. Das verbleibende Rohgas verwendete man zur weiteren Befeuerung der Kokskammern oder leitete es in die Stadtgasproduktion weiter. In Lauchhammer wurden täglich aus 7.000 Tonnen Briketts 3.000 Tonnen Koks hergestellt. Braunkohlenkoks, später auch im Gaskombinat Schwarze Pumpe produziert, war einer der Eckpfeiler in der Bilanz fester Energieträger der DDR geworden.

Die politische Wende 1989/90 hatte einschneidende Konsequenzen für die Lausitzer Energiewirtschaft. Der Braunkohleabbau und die Folgeindustrien wurden massiv zurückgefahren. Auch die Kokerei Lauchhammer wurde 1991 stillgelegt. Alle Industrieanlagen wurden, wie es heute so schön euphemistisch heißt, „zurückgebaut". Etwas aber ist noch zu sehen: die sogenannten Biotürme. An der Hochofenschlacke, mit der die Türme verfüllt sind, bildeten sich Kulturen von Mikroorganismen, die Schadstoffe wie Eisen oder Phenolverbindungen aus dem Industriewasser abbauten. Ihren Erhalt haben die gewaltigen backsteinernen Bauten jedoch nicht ihrer technologischen Bedeutung, sondern ihrer auffälligen Architektur zu verdanken. Wie mittelalterliche Burganlagen ragen sie aus der Brache empor, die einst ein pulsierendes Industriezentrum war.

Eisen- und Kunstguss aus Lauchhammer

Dass man Lauchhammer, einen Flecken in der Niederlausitz, der damals noch kaum mehr als eine lose Ansammlung von Dörfern war, als Standort für die neue Produktion wählte, hatte historische Gründe: Der erste Besitzer des einstigen Ritterguts Mückenberg, Woldemar von Loewendal, war hochrangiger sächsischer Staatsbeamter und Oberberghauptmann unter August dem Starken. Nach Gründung der Bergakademie Freiberg 1765 pflegte er engste Kontakte zu den dortigen Wissenschaftlern, und bald war Lauchhammer sozusagen zum Versuchslabor der Freiberger avanciert. Dabei blieb es auch, als Lauchhammer 1815 preußisch wurde. 1784 war hier erstmals in Europa der Guss einer lebensgroßen Figur aus Eisen gelungen. In der Folge wurde das Eisen als Kunstmaterial stilprägend für den Klassizismus. Lauchhammer wurde Vorbild und Beispiel für die Errichtung der Königlich Preußischen Eisengießereien in Gleiwitz und Berlin. Der Berliner Kunstguss brachte dann eine ganz eigene Spezies hervor: filigrane Schmuckstücke, Haarkämme, Ketten, Ringe wie aus eisernen Häkelspitzen, besonders beliebt während der Zeit der Befreiungskriege, als es patriotisch hieß: Gold gab ich für Eisen. Eines der jüngeren Beispiele für Kunstguss aus Lauchhammer ist das überdimensional große Ernst-Thälmann-Denkmal in Berlin-Prenzlauer Berg, für dessen Herstellung in Lauchhammer eigens eine eigene Werkshalle errichtet werden musste.

Ab der ersten Hälfte des 19. Jahrhunderts entwickelte sich das Lauchhammerwerk mit seinen Schwesterwerken in Riesa und Gröditz zu einem führenden Eisen- und Stahlunternehmen. Brücken, Verkehrsbauten, Hallenkonstruktionen und Industrieausrüstungen wurden in alle Welt geliefert, dabei auch Kuriosa wie eine 1868 zur Einweihung des Suezkanals nach Kairo gelieferte 140 Meter lange eiserne Festhalle. Komplette Werksanlagen gingen nach Russland und China, Afrika und Südamerika. Auch in Berlin und Brandenburg findet sich eine Vielzahl von Produkten aus Lauchhammer: das berühmte Gleisdreieck der Berliner Hoch- und Untergrundbahn von 1902, Teile des Schiffshebewerkes Niederfinow und der Stahlbau des Kraftwerkes Rummelsburg.

Eines der imposantesten Beispiele ist die Abraumförderbrücke F60. Mit ihren 500 Metern Länge, 60 Metern Abtragshöhe und 15.000 Tonnen verbautem Stahl ist sie die größte jemals produzierte fördertechnische Anlage der Welt. In Wendezeiten nur 13 Monate im Braunkohletagebau in Betrieb, blieb sie in der Nachbarschaft Lauchhammers als technisches Denkmal erhalten und ist schon heute ein Besuchermagnet in der sich in der Bergbaufolgelandschaft bildenden Lausitzer Seenlandschaft.

Das Steak des kleinen Mannes: Die Currywurst

Ist es die Wurst ohne Haut oder die entfernt auch nach Curry schmeckende Soße, die die Currywurst ausmacht? Erstere soll der Fleischermeister Max Brückner aus Johanngeorgenstadt im Erzgebirge als erster produziert haben. Da Naturdärme nach dem Krieg knapp waren, experimentierte er so lange, bis er den Trick heraus hatte, wie das Eiweiß der Wurstmasse eine Eigenhaut bildete und so eine Wurst ohne Darm hergestellt werden konnte. Mit dieser Erfindung kam er Anfang der 1950er Jahre nach Westberlin.

Zu diesem Zeitpunkt hatte sich eine findige Imbisswagenbesitzerin bereits von den Essgewohnheiten der amerikanischen Besatzer inspirieren lassen. Das bei ihnen so beliebte Steak mit Ketchup hatte sie angesichts der Fleischknappheit etwas abgewandelt. Statt Fleisch bot Herta Heuwer (1913–1999) eine gebratene Dampfwurst an. Dazu hatte sie aus Tomatenmark, Currypulver, Worcestershiresauce und weiteren Zutaten eine spezielle Sauce kreiert: „Es war in einer regnerischen Herbstnacht des Jahres 1949, am 4. September. Es goss kleene Kinderköppe, keen Mensch war an meiner Bude. Aus Langeweile rührte ich Gewürze mit Tomatenmark zusammen. Und es schmeckte herrlich."

Die Wurst wurde ein Renner. Bald konnte Heuwer in ein Ladenlokal mit Garküche in der Kaiser-Friedrich-Straße 59 umziehen. Dass dieser Standort ganz in der Nähe des Rotlichtviertels beim Busbahnhof lag, mag durchaus geschäftsfördernd gewesen sein. Jedenfalls war das Lokal Tag und Nacht geöffnet und beschäftigte in seinen besten Zeiten knapp 20 Verkäuferinnen.

Bei Konnopke's, Berlin

Beides zusammen, die etwas labberige Wurst und die Sauce, deren Name Chillup (eine Kombination aus Chilli und Ketchup) 1959 sogar als Marke geschützt wurde, macht den speziellen Charme dieses Fast-Food-Gerichts aus, das heute sogar, quasi um auch den Kauvorgang noch zu verkürzen, in kleine Häppchen geschnitten angeboten wird.

Wie so oft im ehemals geteilten Deutschland gibt es auch eine Parallelgeschichte aus dem Osten. Legendär ist der Imbissstand von Konnopke's unter dem sogenannten „Magistrats-Schirm", dem Viadukt der U-Bahnlinie aus Pankow unmittelbar südlich des U-Bahnhofs Eberswalder Straße. Man öffnete morgens 4.30 Uhr und war einer der ersten Anlaufpunkte für Nachtschwärmer aus den Clubs im Prenzlauer Berg. Auch hier war die Currywurst ein Verkaufsschlager.

Allerdings stand man seit dem Bau der Mauer vor einem Problem: In der DDR war Ketchup, Grundlage für die Wurstsauce, nicht mehr regelmäßig zu haben. Also verfeinerte man Tomatenmark, Tomatenpüree und alles, was entfernt damit zu tun hatte, mit Gewürzen, um einen möglichst immer gleichen Geschmack zu erzeugen. Nach der Wende probierte die Familie alle nun zugänglichen Ketchupsorten durch – um am Ende zu beschließen, nach Geheimrezept die Sauce weiter selbst herzustellen.

Die Küche des Atomzeitalters: Tempoerbsen und Kuko-Reis

„,Eigener Herd ist Goldes wert', belehrt uns ein bekanntes Sprichwort. Aber es ist schon sehr alt und gewiß nicht im Hinblick auf das Atomzeitalter, schon gar nicht auf die sozialistische Gesellschaft ersonnen. (...) Am eigenen Herd werden noch sehr viel Zeit und Kraft verkocht, verbacken und verbraten, die man fruchtbringender für andere Aufgaben einsetzen könnte." Um der modernen Hausfrau den „Strom von untergeordneter, geisttötender Fingerarbeit" in der Küche zu ersparen, forderte die Enzyklopädie „Unser Haushalt", die 1964 in der DDR erschien, mehr wohlschmeckende Fertiggerichte. Eines hatte der junge Peter Kretschmer (geb. 1938) am Institut für Getreideverarbeitung Potsdam (später Bergholz-Rehbrücke) gerade erfunden: die Tempo-Erbse. In einem aufwendigen Verfahren wurde das sonst notwendige stundenlange Einweichen und Kochen industriell vorgezogen. Anschließend wurden die Erbsen so schonend wie möglich wieder getrocknet, so dass sie ihre Form behielten. Das Endprodukt war ein entsprechend gewürzter und mit Fleisch angereicherter, in wenigen Minuten fertigzustellender Eintopf, sozusagen eine Weiterentwicklung der Erbswurst.

Als der 20. Jahrestag der DDR näher rückte, suchten die politisch Verantwortlichen landauf, landab nach „Geburtstagsgeschenken“, die die Werktätigen dem Staat machen könnten. Zusätzliche Kosten sollten dadurch möglichst nicht entstehen. Peter Kretschmer hatte gleich vier Produktideen auf Lager. Darunter waren zwei weitere Schnellprodukte, der Kurzkochreis im Kochbeutel und die Instant-Mehrkorn-Babynahrung Mekorna. Außerdem sollten auch die DDR-Bürger in den Genuss von Cornflakes und Erdnussflips kommen. Umsonst war das freilich nicht zu haben. Am Ende rückte der zuständige Minister für Bezirksgeleitete und Lebensmittelindustrie vier Millionen Valutamark heraus, mit denen man den Produktionsstandort Wurzen umrüstete. Man kam nicht umhin, Maschinen aus dem westlichen Ausland einzukaufen. Die Technologie, die zusätzliche Valuta gekostet hätte, entwickelte Kretschmer mit den Ingenieuren und Arbeitern vor Ort in mühsamer Kleinarbeit selbst. Zum

Kuko-Reis-Verpackung

Alles rund um die Alge

1984 begann das Institut für Getreideverarbeitung, mit Mikroalgen zu experimentieren. Damals wollte man daraus Gelatine und Dickungsmittel gewinnen. Heute wird auf höchstem wissenschaftlichen Standard danach geforscht, wie mit Algen aus CO_2-haltigen Abgasen Biomasse entstehen kann. Dabei werden Entwicklungen von der Kosmetikindustrie bis zur Krebsforschung gemacht. Für die Spreewaldtherme Burg wurde eine Mikroalge aus den Spreewaldkanälen isoliert und in den Fotobioreaktoren im Institut kultiviert. Daraus wurde eine exklusive Kosmetikserie entwickelt.

20. Jahrestag war alles bereit. Nur mit den Produktionsmengen hatte man sich vertan. Hatten Kretschmer und seine Mitstreiter 800 Tonnen Erdnussflips jährlich geplant, meinten Vertreter des Handels, die Hälfte reiche allemal, weil das Produkt den DDR-Bürgern doch nicht vertraut sei. Sehr bald schon erkannte man den Irrtum. Die Produktion wurde auf 1.600 Tonnen jährlich erhöht, doch „Engerlinge" aus Wurzen blieben bis zum Ende der DDR Mangelware. Auch heute noch werden sie in großen Mengen verkauft.

Kuko-Reis, Tempo-Erbsen und -Linsen haben sich ebenfalls auf dem einheitsdeutschen Lebensmittelmarkt behauptet. Wer will, ob sozialistische Hausfrau oder nicht, kann sich damit noch immer das Kochen erleichtern.

Die Moderne in den Zeiten der Planwirtschaft: Präsent 20

Als die Kleingärtner der großen Siedlung im Cottbuser Norden im Herbst 1968 noch ein paar späte Äpfel pflückten und dann ihre Parzellen winterfest machten, ahnten sie nicht, dass sie in ihren Gärten die letzte Ernte eingebracht hatten. Am 30. September 1968 fasste das Politbüro des Zentralkomitees der SED den Beschluss, auf diesen Flächen ein hochmodernes Textilkombinat zu errichten. In unglaublich kurzer Zeit wurde die Entscheidung umgesetzt. Schon Mitte Oktober erfolgte der erste Spatenstich, Ende Januar des folgenden Jahres schwebte die Richtkrone über der ersten großen Fertigungshalle. Parallel begann die Schulung der neuen Belegschaft, die ersten Strickmaschinen wurden erprobt. Am 29. September 1969 übergab der damalige Sekretär des ZK, Erich Honecker, den ersten Produktionsabschnitt des Textilkombinats Cottbus (TKC). Dies geschah anlässlich des 20. Jahrestages der DDR, entsprechend hieß das hier hergestellte Produkt „Präsent 20".

Präsent-20-Waschzettel

Dabei handelte es sich um ein Großrundgestrick aus Polyesterfasern. Es wurde als Meterware hergestellt, die vergleichsweise stabil war und aus der Oberbekleidung wie Anzüge und Kostüme gefertigt wurden. Das Geschenk, das sich Staatsführung und Werktätige hier gegenseitig gemacht hatten, war zum damaligen Zeitpunkt absolute Weltmarktspitze. Allerdings war es keine wirkliche Neuigkeit.

Für das Ausgangsmaterial, die Polyesterfaser, gab es ein britisch-amerikanisches Patent, das bei den Firmen Imperial Chemical Industries Lt. und DuPont lag, die wiederum Lizenzen beispielsweise an Hoechst in Westdeutschland verkauft hatten. Die DDR hatte eine solche Lizenz nie erworben, bis Anfang der 1960er Jahre jedoch unter dem Namen Lanon ebenfalls Polyesterfasern hergestellt. Werke der ehemaligen IG Farben, in denen Faserforschung stattgefunden hatte, die AcetA in Berlin, das AGFA-Werk in Wolfen und die Chemiewerke in Premnitz lagen ja in der sowjetisch besetzten Zone. Dort waren die Forscher, die schon in den 1930er und 1940er Jahren parallel zu den Amerikanern und Engländern auch auf dem Gebiet der Polyesterfaser erfolgreich geforscht hatten, zu produktionsreifen Lösungen gekommen.

Bevor es jedoch technologisch gelang, in die wirkliche Großproduktion einzusteigen, wurde von seiten der Staatsführung die Polyesterforschung auf Eis gelegt. Zwar kam bereits Mitte der 1960er Jahre völlig überraschend der Umschwung: Walter Ulbricht rief die „volkswirtschaftliche Strukturlinie Polyester" aus. Hintergrund war, dass es noch immer Versorgungslücken in der Bekleidungsbranche gab, die mit teuren Baumwoll- und Wollimporten nicht zu schließen waren. Nun aber hatte man forschungsseitig den Anschluss verpasst und musste sich Unterstützung vom Klassenfeind holen. Die Grundpatente waren inzwischen ausgelaufen, doch sowohl die Rohstoffe als auch die Maschinen wurden anfangs aus dem Westen eingeführt. Nicht dass man in der DDR keine Strickmaschinen hätte bauen können. Ganz im Gegenteil produzierte die DDR für den Export ins westliche Ausland. Damit war die Produktion für 95 Prozent vertraglich gebunden, die Kapazitäten waren ausgelastet. Die Wirtschaft auf der Grundlage von Fünf-Jahres-Plänen war nur bedingt anpassungsfähig, die neue Polyester-Parole zu plötzlich ausgerufen. Gut möglich also, dass man nun auf dem Weltmarkt eigene Anlagen zurückkaufte.

Bald produzierte man gezielt für den eigenen Bedarf. Außerdem wurde in Guben, etwa 40 Kilometer von Cottbus entfernt, ein Chemiefaserwerk errichtet, das sowjetische Erdölimporte verarbeitete und fortan den Cott-

Präsent-20-Anzug

busern das Ausgangsmaterial lieferte. In Cottbus selbst entstand ein umfassender Komplex von der Veredelung der Faser über die Herstellung des Gestricks bis hin zum fertigen Kleidungsstück. Der Automatisierungsgrad war enorm hoch, ebenso die Auslastung der Maschinen und Arbeitskräfte. Die Arbeitsgänge selbst konnten im Vergleich zur Bekleidungsproduktion aus herkömmlichen Materialien massiv verkürzt werden.

Nun machte man hier auch Erfindungen, beispielsweise die Vernadelung, also die mechanische Aufsplittung der Synthesefasern, so dass diese eine wollartige Struktur bekamen. Trotzdem konnte man nicht verhindern, dass schon seit Mitte der 1970er Jahre der Absatz stockte, wandelte sich doch die Mode in diesen Jahren grundlegend. Der Trend ging wieder zu Naturfasern, Jeans wurden auch im Osten insbesondere für die Jüngeren Pflicht. Die großen Vorteile der Anfangsjahre, Konzentration und extreme Spezialisierung, erwiesen sich jetzt als Hemmschuh. Zwei Absatzmärkte blieben zunächst erhalten: die Staaten des Ostblocks – und die Bundesrepublik Deutschland, an deren Versandhäuser rund ein Drittel der Cottbuser Produktion ging. Im innerdeutschen Handel herrschte Zollfreiheit, eine andere Praxis hätte die Anerkennung der DDR durch die

BRD bedeutet. Diese politische Entscheidung hatte weitreichende wirtschaftliche Konsequenzen. Nicht nur im Textilgewerbe nutzten bundesrepublikanische Firmen die Chance zur Produktionsauslagerung in das so praktisch gleich um die Ecke liegende Billiglohnland DDR.

Mit der Wende 1989/90 war es damit vorbei. Westliche Hersteller kamen schnell zu dem Schluss, dass es sich fortan woanders noch billiger produzieren lasse. Schon im Frühjahr 1990 wurden im TKC die ersten Kündigungen ausgesprochen. Inzwischen existiert der Name nur noch als Bezeichnung eines Einkaufsmarktes in den ehemaligen Werkshallen.

Erfindungen heute

Erfindungen werden auch heute noch in Hülle und Fülle gemacht. Die deutsche Wiedervereinigung hat bei allen Schwierigkeiten bei der Errichtung „blühender Landschaften" der Region Berlin-Brandenburg ungeheure Impulse gegeben. Wissenschaftler der Berliner Charité entwickeln eine mitwachsende Herzklappe, andere arbeiten an Prothesen, die durch reines Denken zu steuern sind. An den Hochschulen der Lausitz werden Systeme zur Ver- und Entsorgung auf schwimmenden Häusern ersonnen, mit denen die aus Tagebaurestlöchern entstehende neue Seenlandschaft bevölkert werden soll. Ein großer Energiekonzern will das CO_2-freie Kohlekraftwerk errichten. In Frankfurt (Oder) kommen hochmoderne Technologien etwa bei der Herstellung von Solarzellen zur Anwendung. Der Wissenschaftsstandort Berlin-Adlershof wirbt damit, dass es hier wöchentlich eine neue Erfindung gebe.

Die Fülle des bereits Vorhandenen ist so überwältigend, dass reine Zufallstreffer kaum noch zu erwarten sind, ebenso wenig wie singuläre Forschungsleistungen. Weltweit steht man vor ähnlichen Problemen. Lösungen werden parallel oder, noch besser, in großen Forschungsverbünden entwickelt. Dabei werden die Erfindungen sozusagen immer gegenstandsloser. Verfahren werden verfeinert, Verbesserungen in sehr speziellen und nicht immer alltagsrelevanten Bereichen vorgenommen. Gänzlich neue und wirklich nützliche Gegenstände für den Alltag, die im Mittelpunkt dieses Buches stehen sollten, können kaum noch hinzuerfunden werden.

Doch eine dieser jüngsten Erfindungen soll stellvertretend für die vielen anderen noch vorgestellt werden: das in Potsdam entwickelte Tsunami-Warnsystem. Beginnt das Buch mit einer Erfindung, die sich ein feudaler Herrscher nur für sich selbst reserviert hat, endet es mit einem System, das für die Region überhaupt keine praktische Relevanz hat: Wissenschaftliche Kompetenz aus Brandenburg reagiert auf Problemstellungen am anderen Ende der Welt. Globaler geht's nicht.

Sturm über Asien: Das Tsunami-Frühwarnsystem

Am 26. Dezember 2004 erschütterte ein Erdbeben der Stärke 9,3 vor Sumatra den Meeresboden. Es war das zweitstärkste jemals gemessene Beben. Noch 10.000 Kilometer weiter in Europa wurden Bodenbewegungen von anderthalb Zentimeter gemessen. Zu einer der schlimmsten Naturkatastrophen der Menschheit wurde das Beben jedoch nicht etwa durch einstürzende Bauwerke, die Menschen unter sich begruben, sondern durch die ausgelöste Flutwelle. Sie traf zuerst auf die Küste Indonesiens, dann auf Sri Lanka und den Südwesten Thailands, später auf Indien und die Malediven. Noch sieben Stunden später kamen in Somalia etwa 300 Menschen ums Leben. Dabei waren im Deutschen GeoForschungsZentrum (GFZ) im fernen Potsdam die Ausläufer bereits zwölf Minuten nach dem Beben registriert worden. Zu diesem Zeitpunkt hatten die Wellen die Küsten noch gar nicht erreicht. Doch wie und wen hätten die Potsdamer warnen sollen? Fast eine Viertelmillion Menschen wurde in den Tod gerissen.

Im Indischen Ozean treffen vor der Küste Sumatras zwei große Erdplatten aufeinander. Hier schiebt sich mit einer Geschwindigkeit von sechs Zentimetern pro Jahr – immerhin so schnell, wie ein Fingernagel wächst – die Indisch-Australische unter die Eurasische Platte. Dabei kommt es immer wieder zu Stockungen und Spannungen, die sich in Form von Erdbeben entladen. In deren Folge gerät nicht nur die Meeresoberfläche, sondern die gesamte etwa 5.000 Meter hohe Wassersäule in Bewegung. Die Kräfte, die dann wirken, sind enorm. Kommen die auf dem hohen Meer vergleichsweise flachen Wellen zum Land, werden sie durch den flacher werdenden Meeresgrund gebremst und türmen sich schließlich bis zu mehrere Meter hoch auf. Der Begriff Tsunami bedeutet denn auch so viel

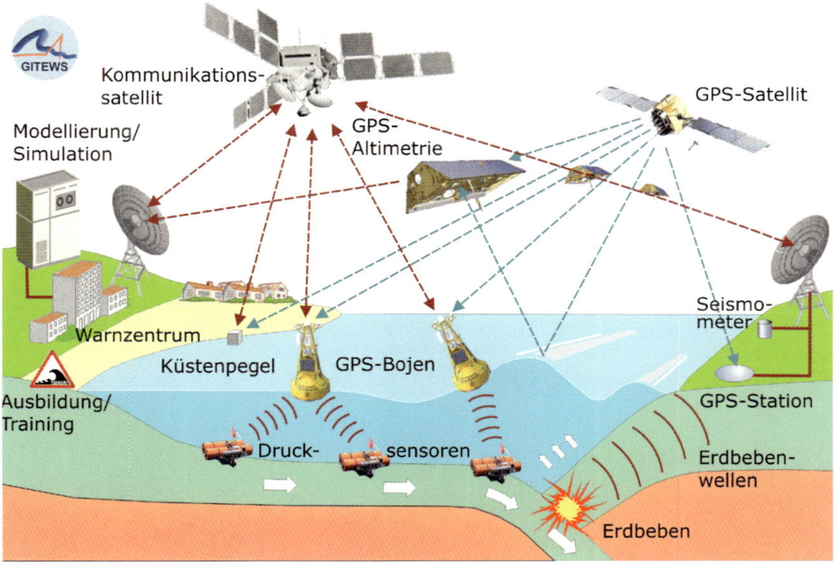

Schema Tsunami-Frühwarnsystem

wie Hafenwelle. Er wurde von japanischen Fischern geprägt, die vom Fang auf dem offenen Meer in den Hafen zurückkehrten und dort alles verwüstet vorfanden, obwohl sie auf hoher See keinen außergewöhnlichen Wellengang bemerkt hatten.

Aufgrund der tektonischen Bedingungen sind Seebeben und die von ihnen ausgelösten Tsunamis im Indischen Ozean keine Seltenheit. Sie können nicht vorhergesagt, erst recht nicht verhindert werden. Damit sich aber Katastrophen wie die vom Dezember 2004 nicht wiederholen, braucht es ein funktionstüchtiges Frühwarnsystem. Da am GFZ bereits seit Jahren das sogenannte Geofon-Netz zur weltweiten Registrierung von Erdbeben betrieben wird, lag es auf der Hand, dieses bestehende Netz auch für die Herausforderung der Entwicklung eines Tsunami-Frühwarnsystems zu nutzen. Deshalb haben Wissenschaftler des GFZ auch unmittelbar nach der verheerenden Tsunami-Katastrophe einen Projektvorschlag beim Bundesministerium für Bildung und Forschung eingereicht. Daraufhin erteilte dieses der Helmholtz-Gemeinschaft Deutscher Forschungszentren den Auftrag, unter Federführung des GFZ ein solches System für das von Tsunamis stark gefährdete Indonesien zu entwickeln.

Und so funktioniert es: Mit einem landgestützten Beobachtungsnetz voll automatisierter Seismometer wird die Region kontinuierlich überwacht. Ein Beben kann auf diese Weise präzise geortet und seine Stärke bestimmt werden. Im Ozean selbst werden GPS-Bojen installiert, die mit Druckmessgeräten am Meeresboden verbunden sind, um Schwankungen des Meeresspiegels frühzeitig zu erkennen. In einem nationalen Warnsystem laufen sämtliche Daten zusammen und können, auch mit Hilfe verschiedener vorher im Modell berechneter Szenarien, analysiert werden. Von hier aus gehen Warnmeldungen über vorgegebene Kommunikationssysteme, etwa die Radiosender. Die Bevölkerung soll dann, anders als 2004, nach vorbereiteten Evakuierungsplänen gewarnt und in Sicherheit gebracht werden.

Am 11. November 2008 waren die verschiedenen Sensorsysteme weitgehend installiert und das Datenzentrum einsatzfähig. Die Test- und Optimierungsphase konnte beginnen. 2010 wird das Tsunamifrühwarnsystem an die indonesische Regierung übergeben. Geplant ist, die gewonnenen Daten allen Anrainerstaaten zur Verfügung zu stellen und so in Zukunft alle Anrainer des Indischen Ozeans schützen zu können.

Der Potsdamer Telegrafenberg

Seit über 100 Jahren sind auf dem Telegrafenberg in Potsdam renommierte Forschungseinrichtungen der Astrophysik und der Geowissenschaften angesiedelt. Das 1892 errichtete Geodätische Institut war die Wiege der wissenschaftlichen Geodäsie, also der Lehre von der Ausmessung und Abbildung der Erdoberfläche. Auch die Seismologie als geophysikalische Disziplin zur Erkundung des Erdinneren mithilfe von Erdbeben wurde hier entwickelt. Im Erdmagnetischen Observatorium wurde mit einer systematischen Erforschung des Erdmagnetfeldes und seiner Variationen begonnen. Der traditionsreiche Wissenschaftsstandort bot nach der deutschen Wiedervereinigung die einmalige Chance, ein neues großes Forschungszentrum für die Geowissenschaften zu etablieren. Mit dem Deutschen GeoForschungsZentrum, dem Potsdam Institut für Klimafolgenforschung (PIK) und dem Alfred Wegener Institut für Polar- und Meeresforschung (AWI) ist in den vergangenen Jahren ein deutschlandweit einmaliger Forschungscampus geschaffen worden.

Personen- und Firmenregister

Literaturverzeichnis

ACOL Gesellschaft für Arbeitsförderung mbH Cottbus (Hrsg.): Die Textilbranche in Cottbus gestern und heute. Dokumentarisches über Aufstieg und Niedergang eines traditionsreichen Berufszweiges. Cottbus o. J.

Aeschenbacher, Jörg: Dauerbrenner. Von Dingen, die perfekt auf die Welt kamen. Frankfurt am Main 1994

Albrecht, Karl: Die Geschichte der Emil Busch AG, Optische Industrie, Rathenow, vom wirtschaftswissenschaftlichen Standpunkt. Ein Beitrag zur Erkenntnis der Struktur des Wirtschaftslebens. Erfurt 1925

Alex, Jürgen; Flessner, Hermann; Mons, Wilhelm; Zuse, Horst: Konrad Zuse: Der Vater des Computers. Fulda 2000

Aly, Götz; Sontheimer, Michael: Fromms. Wie der jüdische Kondomfabrikant Julius F. unter die deutschen Räuber fiel. Frankfurt am Main 2007

Aus der Geschichte der Konditorei – Das Jubiläum der Eberswalder Spritzkuchen. In: Märkischer Stadt- und Landbote v. 31. März 1932

Bischoff, Katrin: Ohne Luckenwalde kein McDonald's. Vor 140 Jahren erfand Hermann Henschel in Brandenburg den Pappteller. In: Berliner Zeitung v. 2.1.2008

Bröer, Ralf: Der Herzkatheter-Selbstversuch: Dichtung und Wahrheit. In: Ärztezeitung v. 27.8.2004

Curter, Maria: Ein neues Amt für Erfindungen. In: Edition Luisenstadt. Berlin 2001

Dies.: Eine Werkstatt begründet die Elektrotechnik. In: Edition Luisenstadt. Berlin 1997

Czauderna, Karl-Heinz: Konrad Zuse – der Weg zu seinem Computer Z3. In: Berichte der Gesellschaft für Mathematik und Datenverarbeitung mbH Bonn 1979

Der Senator für Bau- und Wohnungswesen (Hrsg.): Straßenmöbel in Berlin. Berlin 1983

Die ersten 100 Jahre Kino in Berlin e. V. (Hrsg.): Die Berliner Wiege des Films. Berlin 1995

Die Industrielle Revolution. Geo Epoche 30/2008

Dorsch, Hadwig: Der erste Computer. Konrad Zuses Z1 – Berlin 1936. Beginn und Entwicklung einer technischen Revolution. Berlin 1989

Dulken, Stephen van: Ideen die Geschichte machten. Das große Buch der Erfindungen. Düsseldorf u. Zürich 2004

Ebert, Maria: 150 Jahre Langenscheidt 1856–2006. Eine Verlagsgeschichte. Berlin u. München 2006

Elßholtz, Johann Sigismund: Diaeteticon. Das ist Newes Tisch-Buch ... Cölln 1682, Reprint Leipzig 1984

Feldenkirchen, Wilfried; Bartels, Almuth: Werner von Siemens. München 2000

Fischer, Wolfram (Hrsg.): Die Geschichte der Stromversorgung. Frankfurt am Main 1992

Forßmann, Werner: Selbstversuch. Erinnerungen eines Chirurgen. Düsseldorf 1972

Freudenberg, Frank P.: Bier-Metropole Berlin. Biergeschichte, Brauereien und Kneipen der Hauptstadt. Nürnberg 1996

Friedrich, Christoph/Whitehall-Much GmbH: Geschichte der Spalt-Tablette. Münster 2007

Frohn, Hans W.; Schmoll, Friedmann: Natur und Staat. Staatlicher Naturschutz in Deutschland 1906–2006. Münster 2006

Fuchs, Boris; Onnasch, Christian: Dr.-Ing. Rudolf Hell: der Jahrhundert-Ingenieur im Spiegelbild des Zeitgeschehens; sein beispielhaftes Wirken. Heidelberg 2005

Galerie Kunstsammlung Cottbus (Hrsg.): Hommage à Litfass. Resümee einer Plakataktion des VBK-DDR aus Anlaß des 125jährigen Jubiläums der Litfaßsäule. Cottbus 1981

Giersberg, Dagmar: Schöner neuer Mensch? Leben mit Ersatzteilen – eine Ausstellung im Deutschen Museum München. Bonn 2004

Gööck, Roland: Die großen Erfindungen: Nachrichtentechnik Elektronik. Künzelsau 1988

Deutsches Historisches Museum Berlin (Hrsg.): Gründerzeit 1848–1871. Industrie & Lebensträume zwischen Vormärz und Kaiserreich. Katalog u. Begleitmaterial zur Ausstellung. Berlin 2008

Güntheroth, Nele: Über die Beförderung des Gewerbfleißes. In: Elisabeth Bartel; Annette Bossmann/ Stiftung Stadtmuseum Berlin (Hrsg.): Eiserne Zeiten – Ein Kapitel Berliner Industriegeschichte. 2007, S. 13–26.

Gustav Langenscheidt. Verleger im Dienste der Völkerverständigung 1832–1895. Berlin u. München 2007

Gustav Lilienthal 1849–1933. Baumeister Lebensreformer Flugtechniker. Ausstellung des Landesarchivs Berlin 1989

Haase, Gesine: Der Berliner Blasinstrumentenbau. In: SIMPK (Hrsg.): 300 Jahre Berliner Musikinstrumentenbau: Handwerk im Dienste der Musik. Berlin 1987

Halle, Gerhard: Otto Lilienthal. Flugforscher und Flugpraktiker, Ingenieur und Menschenfreund. Düsseldorf 1956

Heinrich Ferdinand Eckert. Zum hundertjährigen Geburtstage 1819 – 13. Februar – 1919. Sonderabdruck aus den Mitteilungen des Verbandes landwirtschaftlicher Maschinen-Prüfungsanstalten 1919

Helmholtz Gemeinschaft (Hrsg.): Gitews. Das Tsunami-Frühwarnsystem für den Indischen Ozean. Potsdam 2008

Braunschweigisches Landesmuseum (Hrsg.): Hermann von Helmholtz – Klassiker an der Epochenwende. Vorträge zur Ausstellung, 1997

Hoffmann, Dieter: Wachhund des Atomzeitalters – Hans Geiger (1882–1945) und die Erfindung der Geiger-Zähler. Vortrag vor der Kepler-Gesellschaft. Stuttgart 1998

Kerssenbrock-Krosigk, Dedo von: Rubinglas des ausgehenden 17. und des 18. Jahrhunderts. Mainz 2001

Klages, Helmut; Lübbig, Heinz: Hermann von Helmholtz. Klassiker an der Epochenwende. Vorträge zur Ausstellung im Braunschweigischen Landesmuseum 1997. In: PTB-Texte Band 8, Braunschweig 1998

Klare, Hermann: Geschichte der Chemiefaserforschung. Berlin 1985

Klein, Beatrixe: Sieben Frauen, sieben Leben, sieben Geschichten. Ein Buch für Wiesbaden. Wiesbaden 2005

Kretschmann, Kurt: Auferstanden aus Ruinen. Persönliche Erinnerungen an die Naturschutzentwicklung in der DDR. In: Naturschutz heute 1/1994, S. 48–49

Kohlstedt, Thomas; Tetzlaff, Sola. 200 Jahre Blindenschule Berlin. Berlin 2006

Laser, Kurt: Industriestandort Rummelsburger See. In: Edition Luisenstadt 1998

Liman, Herbert: Mehr Licht. Geschichte der Berliner Straßenbeleuchtung. Berlin 2000

Ludewig, Hermann: Polyesterfasern. Chemie und Technologie. Berlin 1975

Ludi, Andreas: Berliner Blau. In: Chemie in unserer Zeit 22/1988, S. 123–127

Lummel, Peter: Berlins nimmersatter Riesenbauch. Die Lebensmittelversorgung einer werdenden Weltstadt. In: Landeszentrale für politische Bildung Baden-Württemberg: Der Bürger im Staat 4/2002: Nahrungskultur. Essen und Trinken im Wandel. S. 252ff.

Machel, Wolf-Dietger: Berliner Schienennahverkehr: Straßenbahn, U-Bahn, S-Bahn, Obus. München 2004

Menzel, Dietmar/REISS Büromöbel GmbH (Hrsg.): Die Geschichte der Zeichentechnik. Bad Liebenwerda 2003

Menzel, Dietmar/REISS Büromöbel GmbH (Hrsg.): Die Geschichte des Schreibtisches. Bad Liebenwerda 2003

Meyer, Bernhard: 6. Dezember 1850: Helmholtz informiert über den Augenspiegel. In: Edition Luisenstadt, 1999

Mitte-Museum (Hrsg.): An jeder Ecke. Berliner Straßenmöbel. Berlin 1998

Müller, Hans-Heinrich: Zuckerspender Ahorn im Berliner Tiergarten. In: Edition Luisenstadt, Berlinische Monatsschrift Heft 11/2000

Neubauer, Alfred: Das süße Salz. Francois Charles Achard und der Rübenzucker. Hellersdorfer Heimathefte 5, Berlin 1994

Nolting, Rudolf von/Arbeitskreis für Bad Sodener Geschichte: Geheimrat L. M. Baginski und sein Werk. Bad Soden 1993

OHROPAX GmbH (Hrsg.): Lauter Ruhe. 100 Jahre Ohropax. 100 Jahre Luxus für die Ohren. Wehrheim 2007

Panati, Charles: Universalgeschichte der ganz gewöhnlichen Dinge. Frankfurt am Main 1994

Paul Schlack – Eine Faser macht noch kein Wirtschaftswunder. Auf: http://plasticker.de/fachwissen/history_people_detail.php?id=14, 30.9.2009

Pestalozzi-Verein der Provinz Brandenburg: Die Provinz Brandenburg in Wort und Bild. Berlin 1900, Reprint 1999

Picker, Henry: Hitlers Tischgespräche im Führerhauptquartier. Frankfurt am Main u. Berlin 1989

Raumfahrt. Naturwissenschaft und Technik. Vergangenheit – Gegenwart – Zukunft. Weinheim 1992

Rechenberg, Helmut: Hermann von Helmholtz. Bilder seines Lebens und Wirkens Veröffentlicht in Zusammenarbeit mit der Deutschen Physikalischen Gesellschaft. Weinheim 1994

Rechenberg, Joachim/Museumsverband Pankow: Wie der Spalt in die Tablette kam oder Viagra made in Pankow. Berlin 2008

Rossell, Deac: Ottomar Anschütz and his Electrical Wonder. London 1997

Runge, Manuela; Lukasch, Bernd: Die Brüder Otto und Gustav Lilienthal. Berlin 2005

Sachs, Albert: Medicinische Denkwürdigkeiten aus der Vergangenheit und Gegenwart. Berlin 1934

Schindler, Siegfried: Frankensteins Erbe. Ein Alchimist aus Hessen. In: labor&more Gießen 5/2008

Schmid, Eva Dorothée: Alle acht Sekunden ein Blumengruß. In: Berliner Zeitung v. 12./13.4.2008

Schyia, Lothar: „Gut Brand!" – Der Siegeszug des Ringofens Friedrich Eduard Hoffmann 1818–1900, „Nestor der Ziegelindustrie". Suderburg 2000

Schmoll, Thomas: Wer erfand die Currywurst? In: Rhein-Zeitung v. 12.6.1997

Spiegl, Walter: Johann Kunckel und die Erfindung des Goldrubins. Auf: www.glas-forschung.info/glas.html

Stresemann, Gustav: Die Entwicklung des Berliner Flaschenbiergeschäfts. Diss. Leipzig 1900

Stuckenschmidt, Hans Heinz: Militärmusik. In: Der Querschnitt 4/1933

Swinne, Edgar: Hans Geiger. Spuren aus einem Leben für die Physik. Berlin 1991

Tappe, Heinrich: Alkoholverbrauch in Deutschland. Entwicklung, Einflussfaktoren und Steuerungsmechanismen des Trinkverhaltens im 19. und 20. Jahrhundert. In: Landeszentrale für politische Bildung Baden-Württemberg: Der Bürger im Staat 4/2002: Nahrungskultur. Essen und Trinken im Wandel. S. 213ff.

Brandenburgische Museen für Technik, Arbeit und Verkehr e. V. (Hrsg.): Technische Denkmäler in Brandenburg. Berlin 2002

Trittin, Jürgen: Naturschutz und Nationalsozialismus. Erblast für den Naturschutz im demokratischen Rechtsstaat? Rede zur Eröffnung des Kongresses Naturschutz und Nationalsozialismus, Berlin 4.7.2002

Verein der Freunde und Förderer Technische Sammlung Dr. Ing. Rudolf Hell in Kiel e. V. (Hrsg.): Rudolf Hell zum 100. Geburtstag. Kiel 2001

Weimer, Wolfgang: Kapitäne des Kapitals. Frankfurt am Main 1995

Woesner, Regina/Verein Weißenseer Heimatfreunde e. V.: Johann Heinrich Leberecht Pistorius (1777–1858) Gutsbesitzer, Landwirt und Schnapsbrenner in Weißensee. Berlin 2000

Zichner, Ludwig; Rauschmann, Michael A.; Thomann, Klaus-Dieter: Geschichte operativer Verfahren an den Bewegungsorganen. Frankfurt am Main 2000

Zur Geschichte der Sanitärtechnik. Festschrift zum 100-jährigen Jubiläum der AQUA Butzke-Werke als AG. Marburg 1988

Zuse, Konrad: Der Computer. Mein Lebenswerk. Berlin 1970

Webseiten

http://rcs.urz.tu-dresden.de
www.avgcard.de/-AVG-KartenGeschichte.htm
www.berliner-verkehrsseiten.de
www.chronik-berlin.de
www.currywurst-berlin.com
www.deutsches-museum.de
www.exil-club.de
www.fleurop.de
www.fleurop.ch
www.konnopke-imbiss.de
www.luise-berlin.de
www.ohropax.de
www.rcs.urz.tu-dresden.de
www.visuellelausitz.de/praesent/HTML_KSP/kok_anlagen.html
http://user.cs.tu-berlin.de/~ohherde/MeitnerBio.htm

Bildnachweis

S. 7: Stiftung Stadtmuseum Berlin/Christel Lehmann; S. 8: http://de.wikipedia.org; S. 10, 22: Stiftung Stadtmuseum Berlin; S. 12: Zuckermuseum Berlin; S. 14, 23, 33, 48, 49: http://www.zeno.org; S. 16: www.livingtools.de; S. 19, 21: Optik Industriemuseum und Kulturzentrum Rathenow; S. 25, 26, 29, 30, 92: Siemens AG; S. 34: ©Braun Schaltgeräte und Service e.K., Berlin; S. 36: Geheimes Staatsarchiv Preußischer Kulturbesitz, I.HA Rep. 120 TD Technische Deputation für Gewerbe, Patente Schriften, E 45; S. 39: Lothar Schya/Dieter Reiche; S. 40: Jürgen Wackermann/Neue Ziegel-Manufaktur Glindow GmbH; S. 42: Stiftung Stadtmuseum Berlin/Hans-Joachim Bartsch; S. 44: Berlin und seine Bauten, Verlag Wilhelm Ernst & Sohn 1896; S. 45: Wall AG; S. 47: MedicusBooks.com; S. 51: Archiv ehem. Hutmuseum Cottbus; S. 52: Stadt- und Industriemuseum der Stadt Guben/Diana Wronska; S. 53 (oben): Dr. Petra Kabus; S. 53 (unten): Constanze Schröder; S. 55: Heimatmuseum Luckenwalde; S. 56: Stiftung Stadtmuseum Berlin/Bernd Kuhnert; S. 58: Stiftung Stadtmuseum Berlin/Oliver Ziebe; S. 61: Knorr; S. 63, 105, 137: Barbara Finke; S. 65: Langenscheidt; S. 67, 68: Anker Steinbaukasten GmbH; S. 71, 89: Otto Lilienthal Museum, Anklam; S. 73: Arnold Betzwieser; S. 75: Tourismusverein Lychen; S. 77: REISS Büromöbel GmbH; S. 78: Museumsdorf Baruther Glashütte; S. 80, 81: OHROPAX GmbH; S. 82, 83: Fleurop; S. 85: MAPA GmbH/Fromms Doku 1994; S. 86, 87: Archiv ADOX Fotowerke GmbH; S. 90: Privatarchiv Urenkel Ottomar Anschütz; S. 96: Erich-Josef Venuleth; S. 98: Stiftung Stadtmuseum Berlin/Sammlung Röck; S. 100: Knirps®; S. 102: DIN; S. 103: Antonia Graschberger/Gestaltung Prof. Fritz Lüdtke; S. 108, 113: Stiftung Deutsches Technikmuseum Berlin; S. 111: Technische Universität Berlin; S. 116: Helmholtz-Zentrum Berlin; S. 118: Lothar Deckert/Verein der Freunde und Förderer Technische Sammlung Dr. Ing. Rudolf Hell in Kiel e. V.; S. 121: Michael Schödel/www.deutsches-strumpfmuseum.de; S. 123: HTI Peenemünde; S. 126, 128: Archiv Dr. Horst Zuse, Berlin; S. 130: Jana Mänz, Nischwitz; S. 133: Christina Glanz/IBA Fürst-Pückler-Land; S. 135: Claudius Pippia; S. 138, 140: Günter Höhne/VG Bild-Kunst; S. 143: GFZ Deutsches GeoForschungsZentrum; S. 152: Andreas Schwanda;

Die Autorinnen

Petra Kabus ist promovierte Germanistin. Sie hat zahlreiche Publikationen, Editionen und Ausstellungsprojekte zur Literatur des 19. Jahrhunderts in Berlin und Brandenburg, zur DDR- und Zeitgeschichte realisiert sowie Kulturprojekte des Landes Brandenburg geleitet. Sie lebt als freie Autorin in Cottbus.

Constanze Schröder studierte Europäische Ethnologie und Kulturmanagement. Sie arbeitete für verschiedene Museen und Stiftungen und war Referentin des Museumsverbandes Brandenburg. Die Autorin ist Mitarbeiterin der Stiftung Stadtmuseum Berlin.